［2015年版　ISO 9001／ISO 14001対応］

経営目的を達成するための
ISOマネジメントシステム
活用法

仲川久史
越山　卓　［著］
冨岡正喜

日科技連

本書は、ISO 9001 規格、ISO 14001 規格などという表記で規格条文を掲載していますが、それぞれ JIS Q 9001 規格、JIS Q 14001 規格などからの引用です。また、JIS Q 9001 規格、JIS Q 14001 規格などを引用するに当たり、(一財)日本規格協会の標準化推進事業に協賛しています。なお、これらは必要に応じて JIS 規格票を参照してください。

序　文

　2015年9月にISO 9001、ISO 14001の規格が同時に改訂された。新規格への移行期間は3年間と規定されている。一般財団法人日本科学技術連盟のISO審査登録センターでは、この与えられた3年間を認証機関としてのチャレンジと捉え、「組織のより良い活動や本来の経営目的を達成させる活動に結び付けられるように邁進していかなければならない」と考えている。

　本書は、ISO審査登録センターが2年前から実施している認証組織向けのサービスである「J-Club無料セミナー」（年間30コース、110回実施）の1コースとして実施された「J-Club　ISO 9001、ISO 14001規格改正セミナー・移行要領説明会」が基本になっている。

　セミナーでは、認証組織に向け、改訂に対する知識を深めてもらうために、さまざまな工夫を凝らした。「従来の逐条型の審査では規格改訂の要求を満たしきれない」と判断したため、「2015年の改訂で要求されている本来の目的は何か」「組織のマネジメントシステムとしてどのような活動が有効と考えられるのか」「審査はどのような視点で行われるのか」といった内容を中心に、極力、逐条的な解釈を行わないことをコンセプトにした。セミナーを受講した多くの方々からは、「改訂される内容の理解が深まった」「何を実施すれば有効性が高まるか理解できた」「審査では何をポイントと捉えるのか理解できた」といったコメントを数多く頂戴してきたため、その内容について十分な自信をもっている。

　組織の本来の目的とは「社訓」「社是」「方針」など、さまざまな言葉で表現されている。目的を達成するための日々の活動、例えば「業績向上」「顧客満足度向上」「価値ある製品・サービスの提供」「コンプライアンスの重視」「社会的責任を果たすこと」「信頼の獲得」「組織のイメージ向上」などを着実に遂行することが事業の継続・成長・発展へと

つながる。2015 年の規格改訂では、組織の本来の目的を達成すべく、マネジメントシステムが構築され、有効に活用されることが重要なポイントになると考えている。

　我々認証機関の課題とは「審査を通じ何ができるのか？」である。

　この問いは我々が永遠に対峙するものである。しかし、年に 1 日、2 日の審査を規格の適合性を中心に追いかける逐条型審査に対して、有効性の観点からできることは少ない。これが、事業の継続や組織の成長・発展を阻害する問題点を中心に検出することを目的としたのであれば、審査機関としてできる幅はずいぶんと広がる。このとき、組織の問題点を規格要求に結び付けコメントする力量が審査側に求められる。それを実現するには、従来以上に審査側が事前に準備することが必要となる。そこでは、審査対象の組織自体の情報以外にも業界の動向や同業他社を含めた事件・事故など多方面から情報を収集し、審査に反映させることが審査の善し悪しを決定するポイントとなる。本気で有効性を追いかけた審査を行わないと、組織の本来の目的に近づくことはできない。

　組織は有効なマネジメントシステムを構築・運用し、審査側は効果的な審査を実施していく必要がある。組織が本来の目的に向かいながら、その目的を達成するために規格の構築・運用を行うことこそが、2015 年版の規格改訂の差分に応えることとなる。

　本書の刊行に当たっては、J-Club セミナーが基本となっている。その企画段階から近藤明人准教授（麗澤大学経済学部）にはご尽力いただいてきた。この場を借りて御礼申し上げる。

　本書が規格改訂に対応する組織の方々、審査員を初めとする関係者の方々の一助となり、認証制度の信頼性を維持・向上することに少しでも貢献できれば幸いである。

2016 年 10 月

一般財団法人日本科学技術連盟　ISO 審査登録センター

担当理事・上級経営管理者　小野寺　将人

まえがき

　本書は、一般財団法人日本科学技術連盟(JUSE)の一部門である当センター(ISO審査登録センター)が、ISO 9001及びISO 14001の2015年版への改訂に伴い、登録組織向けに2015年秋から全国各地で行っている「規格改正セミナー」の内容を再構成して、登録組織以外の組織の方にもわかりやすいよう、新規に書き起こしたものである。

　当センターでは、2015年版規格が改訂される以前のかなり早い段階から、「組織における2015年版規格の審査及び移行の認証のやり方」について審議を行っている。その議論は白熱して、意見が大きく割れたときもあった。

　例えば、「規格の変更点はあまりない」と考えた者は「まずは移行をスムーズに行うべきだ」「ギャップのある内容は今に始まったものではないから、それほど気にする必要もない」「組織が改めてアクションを起こさなくても、移行審査は可能である」といった意見を述べる一方で、「規格の変更によるギャップは大きい」と考えた者は「ギャップに十分対応できるよう、マネジメントシステムを再構築させる必要がある」といった意見を述べる、といったようにである。

　当センターの審議メンバーには、本書の執筆に当たった3人のほかに、上級経営管理者の小野寺将人氏、所長の島田尚徳氏、そして契約審査員の一人である近藤明人氏(麗澤大学准教授)がいる。これらの審議メンバーは、2015年初春に行われた「認証制度関係者向けセミナー」(公益財団法人日本適合性認定協会主催)に出席するとともに、2015年版の規格構造の前身である「HLS」、つまり「規格作成者向けISO/IEC専門業務用指針」の一部「Annex SL」にある「規格共通構造」「共通テキスト」「共通用語及び定義」を日夜研究し、マネジメントシステム規格の意図、言い換えれば「規格の精神」について日々研鑽を重ねていっ

た。

　さて、当センターが属する日本科学技術連盟は、そもそも我が国において「品質管理」を提唱し、その技術を普及している文部科学省所管の組織の一部でもあり、成果の出ない仕組みに注視し、その改善手法を世界的に訴求してきた団体でもある。そのため、当センターでは、2000年以前に当センターを立ち上げたときから、ISOという仕組み自体に対し、「形式的な仕組みの構築となること」「安易な認証がなされること」への懸念をずっと持ち続けており、例えば、当センターの元上級経営管理者の角田克彦氏（故人）、前上級経営管理者の三田征史氏（故人）、そして元所長の館山保彦氏なども「ISOの制度は"早く・安く・簡単に"認証に向かいがちである」という危惧を訴えていた。

　以上のような問題意識を共有していたせいか、審議メンバーは「本来、組織自体、組織が目指す事業目的の達成に向かわなければ、マネジメントシステムを構築・運用する意味がない」という認識に自然にたどり着いた。そうなると、当センターの考え方をとりまとめるのは早かった。

　筆者（仲川）は、ISO 9001：2008の発行前後から、「経営につなげるISO活動」を唱えており、「"経営と一体化した有効性"を追求したマネジメントシステムの技術的展開及び審査員の審査技術展開」について、当センターの審査員研修会を通じ、話し伝え、それらを『経営につなげるISO活動の極意』（日科技連出版社、2011年）として刊行してきた。本書はこうした筆者の問題意識の延長戦上にあるといってもよいだろう。

　残念ながら近藤明人氏は、大学関係の活動で本書の執筆に参画いただけなかったが、上記の「規格改正セミナー」の前半で使用され、「経営（事業）プロセスと一致したマネジメントシステム構築・運用」への想いが多く詰まっている「規格共通部分の考え方」及び「環境マネジメント固有の考え方」について、本書で大いに参考にさせていただいた。

　本書の内容については、第1章及び第2章を仲川が、第3章及び第5

章を越山が、第 4 章を冨岡が担当している。

　なお、2015 年版規格の考え方で、特に重要と思われるポイントについては、同一章内及び章を越えて繰り返し述べている。この点については、あらかじめ了承いただきたい。

　執筆から刊行に至るまで、株式会社日科技連出版社出版部長の戸羽節文氏、田中延志氏には大変お世話になった。また、本書の執筆に当たり、当センターの上級経営管理者である小野寺将人理事にはさまざまな支援をいただいた。この場を借りて厚く御礼申し上げる。

2016 年 10 月

仲川　久史

目　次

序　文 …………………………………………………… 小野寺　将人 … iii
まえがき ……………………………………………………………………… v

第1章　何のためにマネジメントシステムを構築し、運用するのか ……… 1
1.1　経営不在のマネジメントシステムは何も生まない …………… 2
1.2　戦略的方向性と一致させることで、活動目的がより明確になる ……………………………………………………………………… 3
1.3　規格要求事項を満たすのではなく、事業を継続するために規格要求事項を活用する ………………………………………… 4
1.4　マネジメントシステムは一つであり、「品質」「環境」は一つひとつのパーツである …………………………………………… 5
1.5　過去の構築・運用の失敗から学ぶ ………………………………… 6

第2章　経営目的の達成に向けたマネジメントシステム共通要求事項 …… 15
2.1　最初に「規格共通構造」「規格共通テキスト」を学べ ……… 16
2.2　2015年版の柱は大きく2つある ………………………………… 30
2.3　2015年版規格のキーワード ……………………………………… 31
2.4　組織の内外の課題を把握・理解する（箇条4.1）……………… 32
2.5　利害関係者とそのニーズ及び期待を把握・理解する（箇条4.2）……………………………………………………………… 33
2.6　変化へ対応していくことが事業継続のカギとなる ………… 34
2.7　マネジメントシステムの適用範囲を狭くしない（箇条4.3）… 35
2.8　トップマネジメントの果たすべき役割がマネジメントシステムの有効性を左右する（箇条5.1）………………………………… 35
2.9　課題─リスク─活動へ結びつけ・展開し、差別化を図り優位に

　　　　　　立つ（箇条4／6／8） ……………………………………… 37
　2.10　すでに行っている「リスク及び機会」への取組みを理解
　　　　　しよう ………………………………………………………… 39
　2.11　情報の見える化で組織内外の情報共有を図る（箇条7.5） … 40
　2.12　目標の展開次第で、停滞したり急成長したりする
　　　　（箇条6.2）…………………………………………………… 42
　2.13　規格要求事項のチェックが内部監査を実のないものにする
　　　　（箇条9.2）…………………………………………………… 43
　2.14　本来のマネジメントレビューは能動的であり、機動性が
　　　　必須となる（箇条9.3）……………………………………… 45
　2.15　規格の構造や用語に捉われる必要はない ………………… 47
　2.16　さまざまな支援文書がすでに発行されている …………… 48
　2.17　事業を継続させ発展・成長させるには規格要求以上のこと
　　　　をすべきである ……………………………………………… 49

第3章　品質経営に向けた品質マネジメントシステム固有要求事項 ……… 53
　3.1　2015年版改訂への対応はここを押さえよう ………………… 54
　3.2　「リスク及び機会」は「3H」と「変化」がキーとなる …… 54
　3.3　「組織の知識」は事業継続のための重要な資源である ……… 62
　3.4　人が間違いを犯すことを前提にしたヒューマンエラー対策を
　　　　行おう ………………………………………………………… 64
　3.5　変更管理はリスク対応の重要な要素になる ………………… 71
　3.6　失敗の原因の多くは設計にある ……………………………… 75
　3.7　外部提供者の管理の方式と程度は違って当たり前である …… 78
　3.8　組織の機能の「何を測るか」を認識することが重要である …… 79
　3.9　不適合の原因はリスク対応の弱さと考えよう ……………… 82

第4章　環境経営に向けた環境マネジメントシステム固有要求事項 ……… 87
　4.1　2015年版規格に対応するために改訂の意図を考える ……… 88
　4.2　今さらだが、トップマネジメントのリーダーシップは非常
　　　　に重要である ………………………………………………… 90

4.3　経営戦略レベルでの環境マネジメントシステム活動を考える … 92
　　4.4　環境保護の考え方を学び、考慮する ……………………………… 95
　　4.5　「リスク及び機会」の取組みとして3つのキーワードを取り込む
　　　　べきである ………………………………………………………… 97
　　4.6　ライフサイクルの視点で活動することの重要性を理解する
　　　　 …………………………………………………………………… 104
　　4.7　順守義務の再認識と順守評価の強化を考える ………………… 106
　　4.8　「外注委託したプロセスの管理」を「ライフサイクルの視点」
　　　　から行う …………………………………………………………… 109
　　4.9　緊急事態に対しては、今まで以上に準備と対応を確実に行う
　　　　 …………………………………………………………………… 110
　　4.10　未来の子供たちのために、環境パフォーマンスの継続的
　　　　　改善の大切さを理解する ……………………………………… 111

第5章　経営に活かすための構築術・運用術 ……………………………… 113
　　5.1　「夏祭り」に品質マネジメントシステム(環境マネジメント
　　　　システム含む)を適用してみよう ……………………………… 114
　　5.2　規格要求対応型から組織の事業プロセス優先型へ移行しよう … 117
　　5.3　実際にあった「3H」と「変化」リスクに対する対応不備
　　　　例を理解する ……………………………………………………… 119
　　5.4　品質リスクに対応する ………………………………………… 123
　　5.5　環境リスクに対応する ………………………………………… 125
　　5.6　目標管理の成功の秘訣を理解する …………………………… 126
　　5.7　マネジメントシステムの理想は電子回路である …………… 130
　　5.8　変化に強い組織を目指そう …………………………………… 133

参考文献 ……………………………………………………………………… 135
索　　引 ……………………………………………………………………… 136

コラム

1. 審査機関も「良い審査」を目指して試されている ……………… 13
2. 予防処置箇条を発展的に解消する ……………………………… 37
3. 「リスク」は難しく捉える必要はない!? ………………………… 38
4. マニュアルはつくるべきか、つくらざるべきか ………………… 41
5. 決めたルールどおりに現場が動いても不十分である …………… 44
6. 規格を最低限満たしているだけでは不十分である ……………… 52

第1章

何のためにマネジメントシステムを構築し、運用するのか

本章では、「マネジメントシステムを構築し運用するということはどういうことなのか」「何のために活動するのか」という、そもそも論に立ち返って、その意味を考え直してみたい。

　ともすると、外部審査を受け認証されることだけが目的となってしまうマネジメントシステム活動だが、それが結果的に成果を出さない活動に繋がってしまうのである。また、入札参加条件を満たそうとマネジメントシステムを導入し、認証を得ようとするのもまたおかしな話で、本来の目的とは異なる。

　上記の問題点について真摯に向き合い、経営者の力強い関与のもと、組織の戦略的方向性と一致させた「事業をいかに継続させ得るか」という観点で事業目的の達成に向け、マネジメントシステム活動に取り組むことが、その本来の目的であることを認識しなければならない。それがISO 9001：2015及びISO 14001：2015（以下、2015年版規格）の大きな意図であり、その考え方の真髄である。

1.1　経営不在のマネジメントシステムは何も生まない

　よくある話だが、マネジメントシステムの運用において「規格要求事項を最低限満たせばよい」と考える人々がいる。実際そうすれば「認証」される現状がある。

　また、すでに組織にある手順や文書、記録を活かさずに、規格要求事項を安易に満たす手順や文書、記録を策定して外部審査に向けた準備をしている組織も多く見られる。

　さらには、「マネジメントシステムはあくまで認証を得るためである」とし、「経営には役立つものではない」と高を括っている場合もある。マネジメントシステムの構築はコンサルタントに任せ、運用は事務局に任せておけばよいとする経営者（トップマネジメント）も少なくない。

　以上のような状況にあれば、経営になんら貢献するマネジメントシス

テムになるはずがなく、「認証を得る」以外の成果は何も生まれない。

1.2 戦略的方向性と一致させることで、活動目的がより明確になる

　戦略的方向性とは、組織が事業を何のために営んでいるかという経営目的そのものである。

　どのような規模、タイプ、業種の組織であれ、そこには必ずや事業を営むうえでの目的がある。それが創業時からずっと引き継がれている場合もあれば、社会や事業環境の変化に合わせて変わっている場合もある。

　一般的な組織では、戦略的方向性が「経営理念」や「社是」「社訓」などとして表されていることが多い。その一例を以下に示す。

- 適正利益の確保／業績の向上
- 顧客満足度向上／リピート率の向上
- 魅力的な製品・サービスの提供
- 法規制順守／コンプライアンスの徹底
- パートナーからの信頼獲得
- 企業イメージの向上
- 安全・安心第一
- 環境保全
- 社会的使命、責任を果たすこと

　以上の戦略的方向性に一致するように事業活動を行い、事業継続、成長発展に繋げるためには、戦略的方向性とマネジメントシステムの構築・運用目的とを明確に結びつけることが、なによりも重要となる。

　このような戦略的方向性のもと、さらにそれぞれの活動要素の目的を達成させることが重要である。ここで、品質マネジメントシステム及び環境マネジメントシステムの活動目的を表1.1に示す。

表 1.1　品質マネジメントシステム及び環境マネジメントシステムの活動目的

マネジメントシステム	活動の目的
ISO 9001（品質マネジメントシステム）	①顧客要求事項、適用される法令・規制要求事項を満たした製品、サービスを一貫して提供する能力を実証すること、②品質マネジメントシステムの改善プロセスを含むシステムの効果的適用、顧客要求事項、法令・規制要求事項への適合の保証を通じて、顧客満足の向上を目指すこと
ISO 14001（環境マネジメントシステム）	①適用される法令・規制要求事項を満たし有害な環境影響を一貫して防止又は緩和する能力を実証すること、②有益な環境影響を、戦略的、競争的に増大させるような機会を活用し、利害関係者に環境マネジメントシステムの有効性を確信させること

1.3　規格要求事項を満たすのではなく、事業を継続するために規格要求事項を活用する

　「認証を得よう」「外部審査をうまくパスしよう」「規格要求事項を満たしさえすればそれが叶う」というような論法では、前述した戦略的方向性をマネジメントシステムで達成させることなどできはしない。

　「事業をいかに継続させるか、成長発展させるか」をとことん考え、その実現に力を尽くすことが結果として規格要求事項、とりわけ2015年版規格を満たすことになると考えなければならない。

　すでに認証を得ている組織は、こうして考え方を変えることが、規格差分に応えることに大きく繋がるのである。外部審査に通るように規格要求事項を満たすのではなく、本来あるべき戦略的方向性の達成に向けた活動を有効に機能させようと力を尽くす必要がある。現状でもマネジメントシステムをすでに有効に機能させている点も多いであろうが、少なからず脆弱な点も出てくるはずである。

　2015年版規格は、組織一般の脆弱な点を示唆し、事業基盤を強化させる基本ツールが数多く詰め込まれているので、本来あるべき戦略的方向性の達成に向けた改善のヒントを提供してくれる。

1.4 マネジメントシステムは一つであり、「品質」「環境」は一つひとつのパーツである

　ISO 9001から出発したISOマネジメントシステムは、その後さまざまな組織活動の要素に対するマネジメントシステム要求事項規格の増殖を生み、マネジメントシステム規格の数だけマネジメントシステムがあるという状態に至り、マネジメントシステム別の文書や記録を組織内に築かせることになった。

　しかし、以前『経営につなげるISO活動の極意』（日科技連出版社、2011年）でも触れたが、組織にあるマネジメントシステムは、決して複数あるのではなく、「一つのマネジメントシステム」に、いくつかの要素が加わるにすぎないのである。

　もともと組織には、たとえ体系的でなくとも、創業期から培った独自のマネジメントシステムがあるものである。その脆弱性や不足分を補う活動を要求事項ツールを借りて追加すればよいのだが、規格の要求事項規格に合わせた構築・運用をした場合、形骸化したマネジメントシステムになってしまう。

　「品質」「環境」または「情報セキュリティ」や「安全」も、それぞれはジグソーパズルのなかの一つのパーツにすぎない。組織にもともとあるマネジメントシステムを体系化させ、経営と一体化したマネジメントシステムを構築し、そのなかに「品質」の要素、「環境」の要素、その他の要素を加えるという考え方である。もし、そのように捉えなければ「品質」の規格に沿った「品質」のみの構築・運用、「環境」の規格に沿った「環境」のみの構築・運用……と数多くの、個別の活動をこなさなければならなくなる。

　例えば、「法規制を理解し順守する」ということについて、当該マネジメントシステムの法規制を対象としただけでは、「経営と一体化したマネジメントシステムになっている」とは言えない。経営としてはすべ

ての法規制がマネジメントシステムの対象となる。「"品質マネジメントシステム"に取り組んでいるから"品質"の法令だけ対象とする」「"環境マネジメントシステム"に取り組んでいるから"環境"の法令だけを対象とする」と分けて考えるのは組織の「一つのマネジメントシステム」を考えるうえでナンセンスである。組織にとっては、ISO マネジメントシステムを導入しようがしまいが、「品質」「環境」「情報」「安全」など、すべてのマネジメントシステムを機能させなければならない。それぞれにある目的を追い求めないと、相乗的な運用効果は期待できないのである。

1.5　過去の構築・運用の失敗から学ぶ

　早くから ISO マネジメントシステムを導入し、長い期間にわたり構築・運用してきている組織は少なくないであろう。しかし、当初一定の成果は得られたものの、その後さらなる成果が得られず、認証返上を考えたり、過去作成した文書を持て余したり、担当者の入れ替わりで活動実態と乖離した状態のまま手つかずになってしまったり、悩みを抱える組織も多い。

　2015 年版規格の改訂の背景と繋がることであるが、マネジメントシステムの構築・運用が下記に示すような"まずい状態"になっていないか、検討してほしい。

1.5.1　構築・運用が事業活動と乖離した状態にある

　審査に出向くと「その文書は ISO 対象ではありません」「その記録は現場でつけていますが ISO 活動には含めていません」「実際には、このようなことをしています」といった声を聞くことがある。

　「規格を書き写しただけの文書づくり」「要求事項を羅列網羅しただけの記録づくり」が、事業活動の実際を示さない無意味なマネジメントシ

ステムをつくり上げてしまうことになる。

　このような「形式的に規格要求事項を満たしさえすればよい」とする姿勢がダブルスタンダードの始まりであり、また形式的運用の始まりでもある。

> ■**問題にどう対処したらよいのか**
>
> 　もともとマネジメントシステムという認識がたとえなくても、組織には、独自のルールや決め事で品質管理や環境管理を行ってきた仕組みや内容がある。そういった「組織がこれまで築いてきた組織独自のマネジメントシステム」を活かし、規格要求事項やその意図の理解に努め、不足している点だけをカバーし、追加で構築・運用することが、事業活動と乖離しないマネジメントシステムの構築・運用となる近道である。
>
> 　マニュアルをつくり、マネジメントシステムを「見える化」させるなら、「いかに実際の活動をマニュアルに書き表していくか」がポイントとなろう。

1.5.2　適用範囲の設定が組織の目的や実情と合致しない

　組織の経営（事業）目的、組織の置かれた現状、利害関係者からのニーズや期待を念頭に置いて、適切に適用範囲を設定し、マネジメントシステムを構築・運用することが肝要である。

　組織において、マネジメントシステムが不要だとする部門やサイトは本来ないはずである。なぜなら、すべての部門やサイトが組織の体の一部であり、それぞれの機能を果たしているからである。

　しかし、ともすると、マネジメントシステムを構築するコストや第三者認証を得ようとするコストに対する意識だけが先行し、それを理由にマネジメントシステムの範囲を狭めたり、限定している場合が少なくない。

　また、ある顧客しか認証を要望していないからといって、要望のあっ

た部門やサイトの活動だけにマネジメントシステムの範囲を限定していることもある。「組織にとっては、すべての顧客が顧客であるはずなのに」である。

　これらは、目的の一部だけを優先した、歪んだ適用範囲の設定であるといえる。「適切な適用範囲の設定になっているかどうか」については、2015年版規格が特に重要視している点の一つである。

■ **問題にどう対処したらよいのか**

　マネジメントシステムを構築・運用しようとするとき、その適用範囲は、組織の全体とするのが適切である。特定の顧客に応えるために、または費用を抑えるために、適用範囲を一部に限定することは、組織の目的を達成する本来の意図に沿わないといえる。ただし、それでもなお、範囲を限定して適用するということは、不可能ではない。全体最適にはならなくとも部分最適にはなるであろう。その場合、登録に当たって第三者に誤解のない登録範囲の表現が要求される。

■ **「適用する範囲」と「認証を得る範囲」の考え方**

　読者の皆さんは、「適用範囲は認証範囲と同じでなければならない」と思っていないだろうか。もし、さまざまな事情で適用範囲を限定せざるを得ない場合、組織全体を適用範囲としてマネジメントシステムを構築・運用し、第三者審査による認証範囲は限定するということはできるのだろうか。

　2015年版規格では、組織の内外の課題、利害関係者のニーズ・期待を考慮して、事業プロセスと統合したマネジメントシステムの適用範囲を設定することが求められている。2015年版規格は、たとえ認証範囲を限定しても、適用範囲を全体に広げ、何らかの基準でコントロールされた組織がその目的の達成に向かっている姿が望

まれることを意図している。課題がないとか、ニーズや期待の対象とならないといった活動、部門、サイトはないはずだからである。

1.5.3 過去に作成・発行した文書、記録様式が捨てられない

審査で組織を訪問すると、書庫に後生大事に過去の文書がレビューもされないまま、しまわれていることがある。そのようなとき「どうしてレビューもしないまま、過去の文書を保管し続けるのか」と聞くと、「以前の規格で要求されていた文書や、記録様式だからです」との答えが返ってくる。続けて「活動のなかでは使われていないのですか」と聞くと、「規格の裏返しを書いただけなので直接には使いません」と言われたので「廃棄文書にしないのですか」と聞くと、「いつか審査員に指摘されて必要になるかもしれないし、捨てたら不適合になりはしないかと不安があります」とのことだった。

文書や記録をつくる目的は、「規格要求事項に応えるため」とか、「外部審査のため」にあるのではない。「戦略的方向性を達成するため」に、その標準化を図り、または「説明責任を果たすため」に、文書や記録様式をつくるのである。

■問題にどう対処したらよいのか

2015年版規格の要求事項から外れたり、活動上不要になった文書や記録様式、レビューが不要になった文書や記録様式は、どんどん捨てるべきであるが、知識の保存目的があれば保管するとよい。

つまりは、活動で使用されている文書がきちんと管理されていればよいのである。

1.5.4 自分たちの文書なのに手の付け方がわからない

マネジメントシステムを一番最初に構築・運用し始めようとするとき、

多くの場合、コンサルタントの手を借りたり、書籍を参照したりする。

しかし、実際に構築・運用していくなかで、状況に合わせた改訂の必要が出てくる。いつまでも構築した内容が変わらずに続くことはむしろ少ない。規格が変わる場合もあれば、自らの手順が変わる場合もあるからである。

そのような場合、自らの文書に今度は自分で手を加えていかなければならないため、ともすると滞ったり、自ら改訂できない状態に陥ってしまう。「どこから手をつけてよいか」「どうしたら整合がつくのか」悩んでしまうのである。

> ■問題にどう対処したらよいのか
>
> 嫌がらずにマネジメントシステムや規格要求事項の意図の学習をしながら、自らの活動との結び付けをし、自分たちの手で、文書や記録様式に手を加えることが重要である。このような労力を使わないと一歩も前に踏み出せない。また、こうした活動においては、外部審査での不適合など恐れず、自分の言葉で説明できるように常に意識することも重要である。
>
> 活動が、目的達成に向かい、きちんと機能し、継続的に改善が進み、期待する効果を上げていく状態にもっていけたら、おのずと要求事項を満たすことに繋がっていくことだろう。

1.5.5　発行される規格ごとに構築・運用をしてしまう

これまでに「品質」「環境」「情報セキュリティ」「労働安全衛生」「食品安全」「道路交通安全」他、多数の種類のマネジメントシステム要求事項規格が策定・発行されており、それらが第三者認証の対象となっていることから、多くの組織が複数のマネジメントシステム規格を採用し、取り組んでいる。

マネジメントシステムの導入期から、すでに統合した考え方でシステ

ムを構築・運用している組織もあるが、多くの組織では登場した順番で個々のマネジメントシステムごとに構築・運用している実態が見られる。例えば、4～5種別のマネジメントシステムを個々に構築し、マニュアルも各種規定・手順書も、記録様式も、皆それぞれの規格要求事項を満たすように個別に作成・管理しているといった状況である。

> ■問題にどう対処したらよいのか
> 　まず、組織のマネジメントシステムは「一つ」という認識をもつことが重要である。そのうえで、文書や記録様式は、マネジメントシステムの種別を問わず統合化することが重要である。可能であれば、一つの文書体系のなかに、共通の要素を規定するべきである。
> 　例えば、「方針・目標展開」「教育・訓練」「資源管理」「文書化した情報の管理」「作業環境」「運用管理」「監視・測定」「内部監査」「マネジメントレビュー」など共通の手順や記録様式といったものである。そのうえで「品質」の要素、「環境」の要素、「安全」の要素など、事業活動上のさまざまな要素を加えるといった具合である。

1.5.6　特性、個性を残したいために標準化を図らない

　実際に外部審査で組織の各部門や各地のサイトを観察して回ると、手順も、計画書も、記録様式も、壁面掲示物もあるにあるが、方向性がばらばらで、組織としての統一感がなく、標準化が図られていないことがよく見られる。これは特に巨大化した組織に多い。

　そんな組織の担当者に「どうしてこのような状態にしているのか」と聞くと「組織は、それぞれの地域ごと顧客も異なり、文化や風習も異なるので、各サイトの個性に委ね、目標さえ達成できればよいと考えるため、「マニュアル」だけ共通にして、他は各々の仕様にしている」という。

　確かに、顧客や文化、風習が異なることは理解できる。しかし、それ

らへの対応を個性に委ねることと、マネジメントシステムの問題として、組織の一つのマネジメントを標準化していくこととは違う。

> **■問題にどう対処したらよいのか**
>
> まず、「何のためにマネジメントシステムを導入したのか」という目的をはっきりさせたうえで、さらに事業目的の達成に向けて、部門やサイトのシステム上の温度差をどのように解消していくのかを考える必要がある。共通するリスクを回避、または低減する仕組み(システム)は、特に標準化を図りたいものである。
>
> また、部門、部署、サイトで"優良な活動事例"や"不適合、改善事例"をいかに見つけ出し、他の部門、部署、サイトにいかにタイムリーに水平展開するかが、マネジメントシステムの有効性向上のカギとなる。各部門、部署、サイトの単独の功績、または単独の事故事例として終わらせてはならない。
>
> 未然防止や再発防止に役立つ事例が、タイムリーに全社展開され、標準化されることを望みたい。

1.5.7　トップマネジメントが不適合をとにかく嫌う

ともすると、内部監査でも、外部審査でも、不適合が検出されることを大いに忌み嫌うトップマネジメントがいる。

このようなトップマネジメントは不適合が検出されるや否や、すぐに当該スタッフの悪さによるものと決めつけて「ただちに処置しろ」と叱責したりする。

> **■問題にどう対処したらよいのか**
>
> マネジメントシステムの「不適合」は、決して悪いものではない。それは改善の種になり、組織を育てる糧となるものである。それをトップマネジメントは理解しなければならない。

甘い内部監査や外部審査により10年経ってもマネジメントシステム体質が強化されない組織がある。反面、厳しい内部監査や外部審査により、カルチャーショックを与えられ、それをバネにして体質が一気に強化された組織は少なくない。

　「不適合が検出される」ということで「認証されない」のではない。「不適合」に対して適切に応急処置し、原因を追究し、再発防止を行えば、認証されるという事実を知ることが重要である。

　マネジメントシステムの「不適合」の背景には、スタッフ個人の問題よりは、むしろ潜在的に、設備、作業環境、手順、あるいは資源の"質""量"といった資源投資に起因していることもある。そのように考えると、「不適合」にトップマネジメント自身が真摯に向き合い、「自己の責任に帰すべき部分がないだろうか」と検証することも、組織のマネジメントシステムを強力に改善するうえで、たいへん重要なことである。本気で再発防止を考えるとき、トップマネジメントの積極的な関与は欠かせないものだからである。

　顧客に強く支持されるトップカンパニーを目指すのであれば、トップマネジメント自身もまた、マネジメントシステムの"学習"が必要となるのである。

☕ コラム1

審査機関も「良い審査」を目指して試されている

　2016年10月現在、審査機関の多くは、2015年版規格の審査をどうしようか模索している。組織がもともと事業経営を見据え、成果を達成すべくマネジメントシステム活動を行っているのなら、それを確認すればよいわけで、これまでの審査と大きな違いはないはずである。

しかし、前述したように「最低限要求事項を満たしさえすればよい」とのもとで構築され運用されている、成果を上げていないマネジメントシステムに対しては、これまでの審査でよいか、はなはだ疑問である。
　1年の間のわずか1日や2日の外部審査が、組織のマネジメントシステムに好影響を与え得る程度は、逐条的な確認に徹していた場合、ほとんどないに等しい。しかし、事業継続や発展・成長の観点から脆弱な点を検出し、規格に結び付けてコメントしたり、組織の改善にスピード感とパワーをもたらすことができるのならば、影響を与え得る程度は大きいといえる。だからこそ、効果的な審査が期待されるのである。
　現場を観ない会議室中心の審査や、日中だけの審査、組織の業態固有の実態に踏み込まない審査では、組織の脆弱な点を見抜けない。審査機関も組織同様に、その目的達成に向けた活動の内容が試されている。

第2章

経営目的の達成に向けたマネジメントシステム共通要求事項

本章では、さまざまなマネジメントシステムの共通となる要求事項、ISO 9001：2015 及び ISO 14001：2015（以下、2015 年版規格）の共通箇条について触れていきたい。

2.1 最初に「規格共通構造」「規格共通テキスト」を学べ

2.1.1 2015 年版規格の特徴は「共通構造」「共通テキスト」「共通用語及び定義」にある

2015 年版規格は、ISO/TMB（技術管理評議会）のなかの JTCG（合同技術調整グループ）が 2006 年〜2011 年にかけて審議・策定し、2012 年に決議された、マネジメントシステム要求事項規格の整合化を図る「共通構造」「共通テキスト」「共通用語及び定義」が採用された規格である。

2015 年版規格以前のマネジメントシステム要求事項規格は、ISO 内に設置されているそれぞれの規格種別ごとの TC（技術委員会）によって、規格構造も、要求事項も個々に策定されていたため、整合化が図られていなかった。このように整合化が図られていないことのデメリットを改善すべく策定されたのが、上記の「共通構造」「共通テキスト」「共通用語及び定義」である。

なお、規格を策定・審議するエキスパートのためにつくられているガイドブック「ISO/IEC 専用業務指針統合版 ISO 補足指針」のなかの一部、「附属書 SL（Annex SL）」に「共通構造」「共通テキスト」「共通用語及び定義」の記載がある。これらの日本語訳は日本規格協会の Web ページで公開されており、誰でも入手することが可能である。

以下、これら「共通構造」「共通テキスト」「共通用語及び定義」について解説する。

なお、2012 年以降に制定・改正されるすべてのマネジメントシステ

ム規格は、JTCGが策定した「共通構造」「共通テキスト」「共通用語及び定義」に従わなければならないとISO/TMBで決議されたので、ISO 9001もISO 14001も、2015年版規格への改訂に向けた審議の過程で採用されたのである。

2.1.2 「共通構造」「共通テキスト」「共通用語及び定義」の内容
(1) 共通構造

共通構造とは、「すべてのマネジメントシステム要求事項規格の素となる箇条構成のこと」である。

表2.1に示すとおり、その構造には「PDCAサイクル」が採用されている。

表2.1 PDCAにもとづく「共通構造の箇条一覧」

1. 適用範囲	7. 支援
2. 引用規格	7.1 資源
3. 用語及び定義	7.2 力量
4. 組織の状況	7.3 認識
4.1 組織及びその状況の理解	7.4 コミュニケーション
4.2 利害関係者のニーズ及び期待の理解	7.5 文書化した情報
4.3 XXXマネジメントシステムの適用範囲の決定	8. 運用
4.4 XXXマネジメントシステム	8.1 運用の計画及び管理
5. リーダーシップ	9. パフォーマンス評価
5.1 リーダーシップ及びコミットメント	9.1 監視、測定、分析及び評価
5.2 方針	9.2 内部監査
5.3 組織の役割、責任及び権限	9.3 マネジメントレビュー
6. 計画	10. 改善
6.1 リスク及び機会への取組み	10.1 不適合及び是正処置
6.2 XXX目的及びそれを達成するための計画策定	10.2 継続的改善

(2) 共通テキスト

「共通構造」にもとづいて、さらに箇条細分化され、共通の要求事項を示したのが「共通テキスト」である。これは、「附属書SL（Annex SL）」の「規定2（Appendix 2）」に収録されている。

表2.2に、共通テキストの全容と、筆者が考えた内部監査での捉え方について示す。なお、文中、XXXとある箇所は、開発・改正される当該マネジメントシステム種別を入れ込むことになる。

表2.2　共通テキストの全容及び内部監査での捉え方

共通テキスト	内部監査での捉え方
序文	
1. 適用範囲	
2. 引用規格	
3. 用語及び定義	
4. 組織の状況	MSS共通テキストの特徴的な箇条である。移行審査のポイントにもなる。 規格に応えるために、または外部審査のために、わざわざ資料を作成する必要はない。すでに「経営計画」「経営会議・幹部会議」などの記録や、またはプロジェクトで現状を分析した資料があれば、それを確認し、示せばよい。
4.1　組織及びその状況の理解 　組織は、組織の目的に関連し、かつ、そのXXXマネジメントシステムの意図した成果を達成する組織の能力に影響を与える、外部及び内部の課題を決定しなければならない。	主に、トップマネジメントインタビューやマネジメントシステムを統括する責任者へのブロックで確認することになる。 　また、組織の外部・内部の課題が特定されているか、変化している事業環境と現状の課題を確認する。 　このとき、組織側の現状把握の程度がポイントである。組織内外の課題について適切な現状把握がなされているか見極める必要がある。
4.2　利害関係者のニーズ及び期待の理解	「組織の利害関係者とは誰なのか」「その利害関係者からの要求事項はどのよう

表2.2 つづき1

共通テキスト	内部監査での捉え方
組織は、次に事項を決定しなければならない。 　　— XXXマネジメントシステムに関連する利害関係者 　　—その利害関係者の要求事項	なものか」について、ニーズや期待を確認する。 　また、マネジメントシステムに関連する法規制や業界規制の把握、それらの特定の程度を確認する。 　一般的な利害関係者とそのニーズ・期待はISO 9004：2009の表1を参照するとよい。
4.3　XXXマネジメントシステムの適用範囲の決定 　組織は、XXXマネジメントシステムの適用範囲を定めるために、その境界及び適用可能性を決定しなければならない。 　この適用範囲を決定するとき、組織は、次の事項を考慮しなければならない。 　　—4.1に規定する外部及び内部の課題 　　—4.2に規定する要求事項 　XXXマネジメントシステムの適用範囲は、文書化した情報として利用可能な状態にしておかなければならない。	上記の箇条4.1や箇条4.2で特定した状況をもとに、マネジメントシステムの適用範囲を適切に決定しているかが確認のポイントとなる。このとき組織上の適用範囲、製品上の適用範囲、規格箇条上の適用範囲(適用除外)について確認する。除外には正当な理由の確認が必要なので注意する。 　組織によっては、事業環境の変化や課題、利害関係者のニーズや期待の変化にもとづいて、適用範囲のレビューや変更の必要性などの評価が行われているか確認する。
4.4　XXXマネジメントシステム 　組織は、この規格の要求事項に従って、必要なプロセス及びそれらの相互作用を含む、XXXマネジメントシステムを確立し、実施し、維持し、かつ、継続的に改善しなければならない。	決定した適用範囲に対してマネジメントシステムが構築されているのかを確認する。 　必要なプロセスが明確にされ、部門や規格箇条との関係、活動フローなどが明確になり、PDCAが動き出しているかどうか、さらに箇条5以降を確認することで評価する。
5.　リーダーシップ	
5.1　リーダーシップ及びコミットメント 　トップマネジメントは、次に示す事項によって、XXXマネジメントシステムに関するリーダーシップ及びコミットメントを実証しなければならない。 　　— XXX方針及びXXX目的を確立し、それらが組織の戦略的な方向性と両立することを確実にする。	一層トップマネジメントのマネジメントシステムに対するコミットメント強化が求められている。 　主にトップマネジメントインタビューを通じてトップマネジメントから直接考えを聞き出し、社内へマネジメントシステム推進力が発揮されているか確認することとなる。

表2.2 つづき2

共通テキスト	内部監査での捉え方
― 組織の事業プロセスへのXXXマネジメントシステム要求事項の統合を確実にする。 ― XXXマネジメントシステムに必要な資源が利用可能であることを確実にする。 ― 有効なXXXマネジメント及びXXXマネジメントシステム要求事項への適合の重要性を伝達する。 ― XXXマネジメントシステムがその意図した成果を達成することを確実にする。 ― XXXマネジメントシステムの有効性に寄与するよう人々を指揮し、支援する。 ― 継続的改善を促進する。 ― その他の関連する管理層がその責任の領域においてリーダーシップを実証するよう、管理層の役割を支援する。 　注記　この規格で"事業"という場合は、それは、組織の存在の目的の中核となる活動という広義の意味で解釈することが望ましい。	また、トップマネジメントのマネジメントシステムに対する認識や見解を聞き出すこともポイントである。 　現場ブロックにおいても、当該責任者がリーダーシップを発揮し、組織の"意図した成果"の達成に向かうべく推進しているかに着眼し、より一層成果の達成に向けた能動的な活動になっているか確認する。 　"意図する成果"についての見解を、審査の一番冒頭で引き出し、いかにブレークダウンさせているかが鍵となる。 　また、方針・目的(目標)が、事業戦略と一致し両立していることも確認する。俗にいう審査のためのマネジメントシステムになっていないかどうか、ダブルスタンダードになっていないかどうかも確認すべきポイントである。
5.2　方針 　トップマネジメントは、次の事項を満たすXXX方針を確立しなければならない。 ― 組織の目的に対して適切である。 ― XXX目的の設定のための枠組みを示す。 ― 適用される要求事項を満たすことへのコミットメントを含む。 ― XXXマネジメントシステムの継続的改善へのコミットメントを含む。 　XXX方針は、次に示す事項を満たさなければならない。	「方針が定められ、組織内に周知されているかどうか」「利害関係者が入手できるようになっているかどうか」が確認すべきポイントである。 　マネジメントシステムの種別ごとに上記が定められている必要はない。組織としてのさまざまな要素が含められているひとまとめの方針でもよい。 　このとき、「経営目的(社是・社訓・理念)と合致した方針になっているかどうか」「意図した成果の達成に繋がる方針であるかどうか」を確認する。

表2.2 つづき3

共通テキスト	内部監査での捉え方
―文書化した情報として利用可能である。 ―組織内に伝達する。 ―必要に応じて、利害関係者が入手可能である。	
5.3 組織の役割、責任及び権限 　トップマネジメントは、関連する役割に対して、責任及び権限を割り当て、組織内に伝達することを確実にしなければならない。 　トップマネジメントは、次の事項に対して、責任及び権限を割り当てなければならない。 　a) XXXマネジメントシステムが、この規格の要求事項に適合することを確実にする。 　b) XXXマネジメントシステムのパフォーマンスをトップマネジメントに報告する。	各部門、部署、サイト、立場ごとにマネジメントシステムにおける役割が明確化され、各自の責任・権限がはっきりしているかどうかを確認する。 　なお、マネジメントシステム管理責任者の選任については要求事項ではないが、マネジメントシステムを円滑に推進させるための責任・権限の明確化は含まれているといえる。
6. 計画	PDCAの"P"に当たる。
6.1 リスク及び機会への取組み 　XXXマネジメントシステムの計画を策定するとき、組織は、4.1に規定する課題及び4.2に規定する要求事項を考慮し、次の事項のために取り組む必要があるリスク及び機会を決定しなければならない。 　―XXXマネジメントシステムが、その意図した成果を達成できることを確実にする。 　―望ましくない影響を防止又は低減する。 　―継続的改善を達成する。 　組織は、次の事項を計画しなければならない。 　a) 上記によって決定したリスク及び機会への取組み 　b) 次の事項を行う方法	MSS共通テキストの特徴的な箇条かつ、移行審査のポイントでもある箇条である。 　マネジメントシステムの計画は、必ずしも"品質保証体系図"のようなフロー図に限らず、時系列的な計画を含め、「マネジメントシステムをどのように動かすのか」という計画を有しているか確認する。 　計画が確認できたら、その計画に際して、現状把握にもとづいた内部・外部の課題や利害関係者のニーズ・期待に応じたリスクや機会を考慮した計画になっているかどうかを確認する。このとき、リスクや機会がどのように特定され、どのように計画に繋がっているかについても確認する。

表2.2 つづき4

共通テキスト	内部監査での捉え方
―その取組みのXXXマネジメントシステムプロセスへの統合及び実施 ―その取組みの有効性の評価	
6.2 XXX目的及びそれを達成するための計画策定 　組織は、関連する部門及び階層において、XXX目的を確立しなければならない。 　XXX目的は、次の事項を満たさなければならない。 　　―XXX方針と整合している。 　　―(実行可能な場合)測定可能である。 　　―適用される要求事項を考慮に入れる。 　　―監視する。 　　―伝達する。 　　―必要に応じて、更新する。 　組織は、XXX目的に関する文書化した情報を保持しなければならない。 　組織は、XXX目的をどのように達成するかについて計画するとき、次の事項を決定しなければならない。 　　―実施事項 　　―必要な資源 　　―責任者 　　―達成期限 　　―結果の評価方法	和訳では"目的"と訳されているが、原語は"objective(達成すべき結果)"である。目標、到達点、狙いと表してもよい。 　objectiveには、結果系objective、手段系objective、また、中長期的なobjective、短期的なobjectiveなどさまざまなものがあるだろうが、効果的で適切な指標、達成点をどのように設定しているかが確認のポイントである。 　達成点とは、達成できたかどうか判定できる値のことであるが、幅的(この幅のなかで)、高さ的(この高さまで)、時間的(いつまで)などのように指標に見合ったいろいろな値が考えられる。 　なお、どの階層や部門のobjectiveが必要となるのかについては適用のさせ方で異なるが、他力本願にならない自らのobjectiveになっていること、最前線で働く人々までobjectiveの達成に向けた認識が浸透しているかが重要であり着眼点である。 　達成に向けた計画は、実施事項、必要な資源、責任者、達成期限、結果の評価方法といった5W1Hを明確にしているかどうかを確認する。
7. 支援	
7.1 資源 　組織は、XXXマネジメントシステムの確立、実施、維持及び継続的改善に必要な資源を決定し、提供しなければならない。	マネジメントシステムの構築、運用に必要な資源を確実に確保しているかがポイントとなる。 　資源には、インフラストラクチャー、人的資源、作業環境の他、広義では協力会社などのパートナーを有しているなどの事項が含まれることもある。

2.1 最初に「規格共通構造」「規格共通テキスト」を学べ

表2.2 つづき5

共通テキスト	内部監査での捉え方
	このとき、効果的な活動、マネジメントシステムの有効性を追究するうえで、資源の不足、不適切さがないかどうかを確認したい。
7.2 力量 　組織は、次の事項を行わなければならない。 　　—組織のXXXパフォーマンスに影響を与える業務をその管理下で行う人(又は人々)に必要な力量を決定する。 　　—適切な教育、訓練又は経験に基づいて、それらの人々が力量を備えていることを確実にする。 　　—該当する場合には、必ず、必要な力量を身につけるための処置をとり、とった処置の有効性を評価する。 　　—力量の証拠として、適切な文書化した情報を保持する。 　　　注記　適用される処置には、例えば、現在雇用している人々に対する、教育訓練の提供、指導の実施、配置転換の実施などがあり、また、力量を備えた人々の雇用、そうした人々との契約締結などもある。	マネジメントシステムを有効に機能させることで最大限の結果を得るには、要員の高い力量が欠かせない。 　組織内のそれぞれの業務を担うのに必要となる力量を明確にする必要がある。 　資格があることが力量があると必ずしもいえないので、資格があることだけで力量があることに結びつけるのは尚早である。 　力量は"知識"と"技能"に分けて考えることもできる。教育は何らかの知識を身につけさせたり、訓練をすることで要員を活かす行為である。 　このとき、教育・訓練が体系的に計画され、実施され、パフォーマンスに繋がっているかどうかを注意する 　また、意図する成果の達成に向けて、パフォーマンスに関連する人々の力量がしっかり管理されているかどうかについても確認する。
7.3　認識 　組織の管理下で働く人々は、次の事項に関して認識をもたなければならない。 　　— XXX方針 　　— XXXパフォーマンスの向上によって得られる便益を含む、XXXマネジメントシステムの有効性に対する自らの貢献 　　— XXXマネジメントシステム要求事項に適合しないことの意味	マネジメントシステムを有効に機能させるには、働く要員の認識が何より重要であり、一人ひとりの要員が認識して仕事に従事しているかがポイントとなる。 　現場で働く人々が真に認識しているかどうかについて、現場に出向いて、直接現場の方々にインタビューすることで確認したい。

第2章　経営目的の達成に向けたマネジメントシステム共通要求事項

表2.2　つづき6

共通テキスト	内部監査での捉え方
7.4　コミュニケーション 　組織は、次の事項を含め、XXXマネジメントシステムに関連する内部及び外部のコミュニケーションを実施する必要性を決定しなければならない。 　　―コミュニケーションの内容（何を伝達するか） 　　―コミュニケーションの実施時期 　　―コミュニケーションの対象者	内部コミュニケーションとしては、会議体やプロジェクトが形成されていることが多い。こうした組織では日常的に双方向的なやりとりもあるだろう。 　外部コミュニケーションとしては、組織へインプットされるものと組織からアウトプットするものがある。 　組織へインプットされるものとしては、苦情（クレーム）や賛辞、意見や要望などがある。 　組織からアウトプットするものとしては、返答（回答）書や礼状、各種案内書や○○報告書、ホームページなどが挙げられる。 　以上の対象者や実施時期、その内容が第三者にも見える状態であるか、当事者間のコミュニケーション不足が生じていないかについては最低限確認したい。
7.5　文書化した情報	"文書""記録"とよばず"文書化した情報"としている。 　ここでは、ドキュメント、レコードという意味合いではなく、"インフォメーション"という意味合いとなっている。
7.5.1　一般 　組織のXXXマネジメントシステムは、次の事項を含まなければならない。 　　―この規格が要求する文書化した情報 　　―XXXマネジメントシステムの有効性のために必要であると組織が決定した、文書化した情報 　　　　注記　XXXマネジメントシステムのための文書化した情報の程度は、次のような理由によって、それぞれの組織で異なる場合がある。 　　―組織の規模、並びに活動、プロセス、製品及びサービスの種類	マネジメントシステムを運用するうえで必要となる文書は、規格が要求するもののほか、マネジメントシステムの有効性のために組織が作成したものも対象となる。一般的には組織内で作成している文書化した情報は、すべてその対象と考えてよい。 　「文書化した情報」として要求されている内容は以下のとおりである。 ・XXXマネジメントシステムの適用範囲 ・XXX方針 ・XXX目的 ・力量の証拠

2.1 最初に「規格共通構造」「規格共通テキスト」を学べ　25

表2.2　つづき7

共通テキスト	内部監査での捉え方
―プロセス及びその相互作用の複雑さ ―人々の力量	・プロセスが計画どおりに実施されたという確信をもつための証拠 ・パフォーマンス評価結果の証拠 ・監査プログラムの実施及び監査結果の証拠 ・マネジメントレビューの結果の証拠 ・不適合の性質及びとった処置 ・是正処置の結果 ・以上のほかにも、組織が必要であると決定した情報
7.5.2　作成及び更新 　文書化した情報を作成及び更新する際、組織は、次の事項を確実にしなければならない。 　　―適切な識別及び記述（例えば、タイトル、日付、作成者、参照番号） 　　―適切な形式（例えば、言語、ソフトウエアの版、図表）及び媒体（例えば、紙、電子媒体） 　　―適切及び妥当性に関する、適切なレビュー及び承認	作成、更新に関する要求事項が示されている。 　文書化した情報は、使用する側の視点で捉えるとよい。 　識別や最新版管理は使うべき場面で使えるように、レビューや承認といった行為が要求されている。 　文書化した情報の形式や媒体は、時代の変化に応じ、その範囲が拡大されているため、先入観をもっての確認は禁物である。必ずしも紙に表されたもの、パソコンに表されたものだけではない。例えば、画像、動画、音声、ホワイトボード、掲示パネルなど、さまざまな形式・媒体で表されたものが「文書化した情報」の対象となる。
7.5.3　文書化した情報の管理 　XXXマネジメントシステム及びこの規格で要求されている文書化した情報は、次の事項を確実にするために、管理しなければならない。 　　―文書化した情報が、必要なときに、必要なところで、入手可能かつ利用に適した状態である。 　　―文書化した情報が十分に保護されている（例えば、機密性の喪失、不適切な使用及び完全性の喪失からの保護）。	情報の機密性、閲覧及び変更の許可及び権限について言及している。 　発行されるまでの手順、使用する現場での適切な管理、廃棄となる文書化した情報の処理などが確認のポイントである。 　組織の規模、活動の複雑さ、要員の力量などを考慮した標準化の程度も確認のしどころである。

表2.2 つづき8

共通テキスト	内部監査での捉え方
文書化した情報の管理に当たって、組織は、該当する場合には、必ず、次の行動に取り組まなければならない。 　　―配付、アクセス、検索及び利用 　　―読みやすさが保たれることを含む、保管及び保存 　　―変更の管理(例えば、版の管理) 　　―保持及び廃棄 　XXXマネジメントシステムの計画及び運用のために組織が必要と決定した外部からの文書化した情報は、必要に応じて、特定し、管理しなければならない。 　　注記　アクセスとは、文書化した情報の閲覧だけの許可に関する決定、文書化した情報の閲覧及び変更の許可及び権限に関する決定、などを意味する。	
8. 運用	PDCAの"D"に当たる箇条。
8.1　運用の計画及び管理 　組織は、次に示す事項の実施によって、要求事項を満たすため、及び6.1で決定した取組みを実施するために必要なプロセスを計画し、実施し、かつ管理しなければならない。 　　―プロセスに関する基準の決定 　　―その基準に従った、プロセスの管理の実施 　　―プロセスが計画通りに実施されたという確信をもつために必要な程度の、文書化した情報の保持 　組織は、計画した変更を管理し、意図しない変更によって生じた結果をレビューし、必要に応じて、有害な影響を軽減する処置をとらなければならない。 　組織は、外部委託したプロセスが管理されていることを確実にしなければならない。	運用の計画・管理に関する要求事項である。 　本項は、「共通テキスト」としては多くを言及していない。 　個別のマネジメントシステム規格でさらに固有の詳細項が追加され、要求事項が加筆されている。 　なお、外部委託したプロセスの確実な管理は共通要求として明示されている。

表2.2 つづき9

共通テキスト	内部監査での捉え方
9. パフォーマンス評価	PDCAの"C"に当たる箇条。
9.1 監視、測定、分析及び評価 　組織は、次の事項を決定しなければならない。 　　―必要とされる監視及び測定の対象 　　―該当する場合には、必ず、妥当な結果を確実にするための、監視、測定、分析及び評価の方法 　　―監視及び測定の実施時期 　　―監視及び測定の結果の、分析及び評価の時期 　組織は、この結果の証拠として、適切な文書化した情報を保持しなければならない。 　組織は、XXXパフォーマンス及びXXXマネジメントシステムの有効性を評価しなければならない。	マネジメントシステムの種別により、監視、測定、分析、評価の対象は異なる。 　ISO 9001：2015であれば、「製品及びサービス」「目標展開」「購買プロセス」などの監視、測定、分析、評価になる。 　ISO 14001：2015であれば「順守義務」「目標展開」「運用」などの監視、測定、分析、評価になる。 　監視、測定の"実施時期"は、その内容により1日のなかで何度もあれば、週に1度、年に1度などさまざまな時期があり、監査に当たって先入観は禁物である。 　有効性とは、計画した活動が実行され、計画した結果が達成された程度であり、実行された程度、達成された程度を評価しているかが確認のポイントである。
9.2 内部監査 　組織は、XXXマネジメントシステムが次の状況にあるか否かに関する情報を提供するために、あらかじめ定めた間隔で内部監査を実施しなければならない。 　　a) 次の事項に適合している。 　　　―XXXマネジメントシステムに関して、組織自体が規定した要求事項 　　　―この規格の要求事項 　　b) 有効に実施され、維持されている。 　組織は、次に示す事項を行わなければならない。 　　a) 頻度、方法、責任及び計画に関する要求事項及び報告を含む、監査プログラムの計画、確立、実施及び維持。監査プログラムは、関連するプロセスの重要性及び前回までの監査の結果を考	あらかじめ定めた間隔は、マネジメントシステムの運用による影響の大きさによる。 　プロセスの重要性、運用状況、過去の監査結果などを考慮し、3年で1度もあろうし、3カ月に1度もあろう。また、監査の時期、時間、方法も、リスクにもとづいて考慮することが期待される。 　a)については、"この規格の要求事項"よりも"組織自体が規定した要求事項"が先にきている。組織が定めた規定を優先している意図が伺える。 　注意すべきは旧規格にあった"監査員は自らの監査をしない"についての一文が外されたことである。 　これは独立性を担保しつつも効果的な監査を優先するために、柔軟に捉えてよい変化である。 　また"不適合"や"是正処置"については、この箇条に記述なく、箇条10.1

表2.2 つづき10

共通テキスト	内部監査での捉え方
慮に入れなければならない。 　b) 各監査について、監査基準及び監査範囲を明確にする。 　c) 監査プロセスの客観性及び公平性を確保するために、監査員を選定し、監査を実施する。 　d) 監査の結果を関連する管理層に報告することを確実にする。 　e) 監査プログラムの実施及び監査結果の証拠として、文書化した情報を保持する。	にまとめられた。 　要求事項に対する形式的な構築・運用は、有効性を阻害するため、有効性に着眼した運用ベースでの内部監査が重要となる。
9.3　マネジメントレビュー 　トップマネジメントは、組織のXXXマネジメントが、引き続き、適切、妥当かつ有効であることを確実にするために、あらかじめ定めた間隔で、XXXマネジメントシステムをレビューしなければならない。 　マネジメントレビューは、次の事項を考慮しなければならない。 　　a) 前回までのマネジメントレビューの結果とった処置の状況 　　b) XXXマネジメントシステムに関する外部及び内部の課題の変化 　　c) 次に示す傾向を含めた、XXXパフォーマンスに関する情報 　　　　―不適合及び是正処置 　　　　―監視及び測定の結果 　　　　―監査結果 　　d) 継続的改善の機会 　マネジメントレビューからのアウトプットには、継続的改善の機会、及びXXXマネジメントシステムのあらゆる変更の必要性に関する決定を含めなければならない。 　組織は、マネジメントレビューの結果の証拠として、文書化した情報を保持しなければならない。	"前回までのマネジメントレビューの結果とった処置の状況"が冒頭に来ている。マネジメントレビューのアウトプット（トップマネジメントの指示）に対して、確実に処置が図られているか、または積み残しが管理されているか、進捗状況はどうかなど、まずインプットされているかどうかが確認のポイントである。 　また、箇条4.2で要求している"外部・内部の課題"の変化について、トップマネジメントがインプットすることを求めている。トップマネジメント自身の"変化の把握"の度合いはアウトプットに大きく影響を与えると考えられる。適切なアウトプットのためにも重要なインプット要素といえる。 　"監査結果"の"監査"とは、第一者、第二者、第三者監査を特定していない。そのため、あらゆる監査結果のインプットが対象となる。

2.1 最初に「規格共通構造」「規格共通テキスト」を学べ　29

表2.2　つづき11

共通テキスト	内部監査での捉え方
10. 改善	PDCAの"A"に当たる箇条。
10.1　不適合及び是正処置 　不適合が発生した場合、組織は、次の事項を行わなければならない。 　a)　その不適合に対処し、該当する場合には、必ず、次の事項を行う。 　　―その不適合を管理し、修正するための処置をとる。 　　―その不適合によって起こった結果に対処する。 　b)　その不適合が再発又は他のところで発生しないようにするため、次の事項によって、その不適合の原因を除去するための処置をとる必要性を評価する。 　　―その不適合をレビューする 　　―その不適合の原因を明確にする。 　　―類似の不適合の有無、又はそれが発生する可能性を明確にする。 　c)　必要な処置を実施する。 　d)　とった全ての是正処置の有効性をレビューする。 　e)　必要な場合には、XXXマネジメントシステムの変更を行う。 　是正処置は、検出された不適合のもつ影響に応じたものでなければならない。 　組織は、次に示す事項の証拠として、文書化した情報を保持しなければならない。 　　―不適合の性質及びとった処置 　　―是正処置の結果	不適合の特定、その処置、並びに是正処置展開に関する要求事項となる。 　旧規格にあった「予防処置」箇条が外されたことに注意する。 　なお、「Annex SL」のAppendix 3に以下の記載がある。 　「この上位構造及び共通テキストには"予防処置"の特定の要求事項に関する箇条がない。これは、正式なマネジメントシステムの重要な目的の一つが、予防的なツールとしての役目をもつためである。したがって、上位構造及び共通テキストは、箇条4.1において、組織の"目的に関連し、意図した成果を達成する組織の能力に影響を与える、外部及び内部の課題"の評価を要求し、さらに箇条6.1において、"XXXマネジメントシステムが、その意図した成果を達成できることを確実にすること；望ましくない影響を防止、又は低減すること；継続的改善を達成すること、に取り組む必要のあるリスク及び機会を決定"することを要求している。これらの二つの要求事項はセットで"予防処置"の概念を網羅し、かつ、リスク及び機会を見るような、より広い観点をもつと見なされる。」
10.2　継続的改善 　組織は、XXXマネジメントシステムの適切性、妥当性及び有効性を継続的に改善しなければならない。	継続的改善に関する要求事項である。

出典）「(対訳)総合版ISO補足指針―ISO専用手順　附属書SL」、『ISO/IEC専用業務指針　第1部　第7版』、日本規格協会、2016年

表2.3 「共通用語及び定義」の見出し一覧

3.1	組織	3.8	目的、目標	3.15	監視
3.2	利害関係者	3.9	リスク	3.16	測定
3.3	要求事項	3.10	力量	3.17	監査
3.4	マネジメントシステム	3.11	文書化した情報	3.18	適合
3.5	トップマネジメント	3.12	プロセス	3.19	不適合
3.6	有効性	3.13	パフォーマンス	3.20	是正処置
3.7	方針	3.14	外部委託する	3.21	継続的改善

出典)「(対訳)総合版 ISO 補足指針—ISO 専用手順　附属書 SL」、『ISO/IEC 専用業務指針　第1部　第7版』、日本規格協会、2016年

(3) 共通用語及び定義

　前述した「附属書SL(Annex SL)」の「規定2(Appendix 2)」に「共通用語及び定義」が収録されている。すべてのマネジメントシステム共通として取り上げられている用語を**表2.3**に示す。

2.2　2015年版の柱は大きく2つある

　2015年版規格における要求事項の大きな特徴は2つある。1つは「リスクベースのマネジメント」、もう1つは「事業(ビジネス)プロセスとマネジメントシステムとの統合」である。

　リスクベースのマネジメントとは、「リスクをベースとしてマネジメントに取り組む」ということである。そもそも、組織がISO 9001やISO 14001に着目すること、組織内に導入すること、そのツールを使って活動すること自体がリスクに対する取組みである。この取組みは、親会社や顧客からの要求が動機であったり、独自色の強いマネジメントシステムを世界共通のマネジメントシステムへ転換しようとする一環であったり、責任・権限の明確化やその仕組みの見える化を図るためであったりする。このように組織にはそれぞれマネジメントシステムを導

入した経緯や動機、きっかけがある。それらに共通することは、リスクを感じ取り、何らかの予防の手を打とうする活動である。

このほかにも、組織イメージの向上、同業他社との差別化、優位性など、ISOマネジメントシステム導入の動機はあるが、それらはすべてリスクへの取組みそのものであるといってよい。

2015年版規格が事業（ビジネス）プロセスとマネジメントシステムとの統合を求めていることについては、前述したように、「規格要求事項を最低限満たしていればよい」とする活動への警鐘であり、「いかに経営（事業）活動と一体化したマネジメントシステムを構築・運用するか」「どうやって本来の経営（事業）目的をマネジメントシステムによって達成させるか」について考えることが求められている。そのため、事業（ビジネス）プロセスとマネジメントシステムとの間にギャップ（かい離）があるとすれば、そのギャップ（かい離）を埋め、一体化したマネジメントシステムにする必要がある。

ちなみに、2015年版規格以前のISO 9001：2008や、ISO 14001：2004の要求事項は、基本的に2015年版規格の要求事項のなかに包含されていると考えてよい。よって、これまでの活動を活かしながら、マネジメントシステムを維持し続けてよいと見てよい。

2.3　2015年版規格のキーワード

2015年版規格で重要なキーワードを以下に整理する。
① 2015年版規格（ISO 9001及びISO 14001）共通
- リスクベースのマネジメント
- 事業プロセスとの統合
- 内部及び外部の課題の理解
- 利害関係者のニーズ及び期待の理解
- 戦略的方向性との一致

- 有効性に関する説明責任
- 外部委託及び外部提供者の管理

② ISO 9001：2015 固有
- 組織の知識
- 変更管理
- ヒューマンエラーへの取組み

③ ISO 14001：2015 固有
- ライフサイクルの視点
- 環境が組織に与える影響
- 環境保護

上記のキーワードは、成果やパフォーマンスを発揮するマネジメントシステム運用に欠かせないものばかりで、健全な事業経営には当たり前のキーワードばかりである。しかし、多くの組織は、これらの研究、取組みについて弱点を抱えていることが少なくない。

こうした弱点を認識し、それらを克服することこそ、組織の体質を強化することになり、さらに強固な組織へと発展・成長させ得るといえる。

2.4　組織の内外の課題を把握・理解する（箇条 4.1）

自らの組織の改善を図ったり、革新させようというとき、まず考えるのが「足元の姿」だろう。自らの組織にとって「内部の課題は何だろう」「外部の課題は何だろう」と問いながら、現在置かれている状況をきちんと整理することで、組織の課題を把握・理解することが重要である。

「規格が要求しているから組織の内外の課題についての把握・理解が必要となる」のではない。それらは、そもそも組織が成長するためには欠かせない認識なのである。これは、QC サークル活動（小集団活動）が、まず、課題や問題点を整理・把握するところから始まるのと同じことである。

表 2.4 「外部の課題」及び「内部の課題」について整理・把握すべき項目の例

外部の課題	「社会」「政治」「経済」「金融」「法規制」「自然」「技術」「市場」「顧客」「業界」など
内部の課題	「資源（人、設備・機械、資金、情報）」「文化、風土」「製品・サービス」「培った技術」「体制」など

　それでは、どのレベル（高さ）で整理・把握をすればよいのか。まず、必要となるのは、経営レベル（高さ）だが、それには**表 2.4**のようにいくつかの項目を想定して各項目の内容について整理・把握するとよい。このとき、ブレーンストーミング法などを活用することで必要事項を洗い出してみるとよい。

　なお、組織においては、「当社事業環境の実態」とか「中長期経営計画」「市場動向における当社の方向性」など、歩むべき方向性を精査し、それらを社員に示すなかで外部課題や内部課題が整理されることが多い。もし、そのような整理がすでに行われているならば、その情報をマネジメントシステムに組み入れるとよい。

2.5　利害関係者とそのニーズ及び期待を把握・理解する（箇条 4.2）

　組織の内外の課題の他にも組織がマネジメントシステムの構築・運用に先駆けて整理・把握すべき事項が「利害関係者とそのニーズ及び期待」である。

　ここでは、2つの整理・把握が必要である。「当社にとっての利害関係者とは誰なのか」ということと「その利害関係者のニーズ及び期待」である。ISO 9004：2009（JIS Q 9004：2010）「組織の持続的成功のための運営管理」では、利害関係者並びにそのニーズ及び期待について例示がある（**表 2.5**）。

　表 2.5は多くの組織に共通にいえるものである。これを組織ごとに整

表2.5　ISO 9004：2009（JIS Q 9004：2010）における「利害関係者」と「ニーズ及び期待」の例示

利害関係者	ニーズ及び期待
顧客	製品・サービスの品質、価格及び納期
オーナー／株主	持続的な収益性、透明性
組織の人々	良好な作業環境、雇用の安定、表彰及び報奨
供給者及びパートナー	相互の便益及び関係の継続性
社会	環境保護、倫理的な行動、法令・規制要求事項の順守

理する過程で項目を細分化したり、項目を追加していけばよい。

　改めて利害関係者とそのニーズ及び期待を認識し直すことは今さらと思うかもしれないが、マネジメントシステムを有効に機能させるうえでたいへん重要である。

2.6　変化へ対応していくことが事業継続のカギとなる

　組織は、その創業時から何らかの「製品・サービス」とそれについての「技術」「資源」「運営体制」を備え、「文化」を育み、そして少なからぬ「管理システム」をもって今日に至っている。それは、ISOマネジメントシステムの採用の有無や組織の規模を問わずである。

　しかし、経営環境はめまぐるしく変化し、組織の置かれた状況は刻々変わるものである。うまくその変化に適応して、組織の「製品・サービス」「技術」「資源」「運営体制」「文化」「管理システム」を変えることで、その時々の課題やニーズ・期待に応えていけば、事業の継続が十分にできる。しかし、変化に適応できないと、たちまち収益構造の悪化を招き、シェアを減らし、最悪の場合、倒産へと至ってしまうこともある。

　組織が常に置かれた現況を摑みながら、その内部に変化を加えていくことこそ、事業継続のカギとなるである。

2.7 マネジメントシステムの適用範囲を狭くしない（箇条 4.3）

　第1章で触れたことを繰り返すが、マネジメントシステムの適用範囲の設定は、その有効性に大きな影響を与えることになる。マネジメントシステムを構築・運用する「適用範囲」については、ともすると外部の審査を受けて認証を得ようとする範囲と思いがちである。したがって、組織のなかには、その一部のみを認証範囲にしているからと、マネジメントシステムの適用範囲まで限定している場合がある。

　このような状況では、組織の戦略的方向性と合致した事業目的を達成するマネジメントシステムになり難い。むろん、組織の置かれている状況にもよる。例えば、内外の課題や利害関係者のニーズ及び期待を十分に理解したうえで、限定した適用範囲のマネジメントシステム運用でも戦略的方向性が達成できるのならよい。しかし、実際には顧客などからの認証の要求に応えるためだけに適用範囲を限定した場合、その要求だけには応えられるが、組織の事業目的の達成には有効ではない場合が少なくないのである。

　「もともと何のためにマネジメントシステムを構築・運用するのか」が重要である。たとえ、やむなく認証範囲を限定する場合にあっても適用範囲はできるだけ組織の全体へと広げるのがよい。もっとも「適用範囲」と「認証を得ようとする範囲」は一致していることが望ましい。

2.8 トップマネジメントの果たすべき役割がマネジメントシステムの有効性を左右する（箇条 5.1）

　単に規格要求事項を満たすだけなら、トップマネジメントは経営層であれば誰でもよい。しかし、トップマネジメントは、当該マネジメントシステムの最高責任者でなければならない。それは、意思決定の最高責

任者であることも指している。トップマネジメントにはマネジメントシステムを有効に機能させるべく「資源を提供する責任」が求められる。「マネジメントシステムが有効に機能しなくてもよいから、この範囲内の資源でやってくれ」と指示することは適切でない。「この範囲内の資源を提供するからマネジメントシステムを有効に機能させてくれ」と指示することが本来あるべき有効性を追究するマネジメントシステムの資源提供の姿である。

トップマネジメントは、規格の要求事項の詳細は知らなくてよいが、「事業目的を達成するために、自らがどのように関与したり、方向性を示したり、人、モノ、金、情報を提供していくか」は常に関与して指示する必要がある。

ISOマネジメントシステムを構築・運用するなかで、とたんにその活動が形式的になってしまうのはなぜなのだろうか。

それは、構築・運用するマネジメントシステムが、事業実態の一部だけしか表さず、前述した「規格を満たすための活動」に終始するからである。

こうした事態を防ぐためには、今まで何度も述べてきたように、現在ある事業経営をそのままマネジメントシステムと一体化させたり、トップマネジメントが実施していることを、そのままマネジメントシステムに取り込めばよいのである。

「トップマネジメントが率先垂範するマネジメントシステムであるか、事務局一任型のマネジメントシステムであるか」「認証を得るための助言を得ることだけに注視するのか否か」という選択が、結果としてマネジメントシステムの有効性に大きな影響を及ぼす。トップマネジメントの果たす役割は大きく、常に有効性に関する説明責任が求められていることを意識すべきである。

コラム2
予防処置箇条を発展的に解消する

　以前のマネジメントシステム要求事項規格には、「予防処置」箇条があり、予防処置の手順及び運用要求があった。しかし、2015年版規格では、「予防処置」箇条はなくなっている。これは、**第1章**で述べた「共通テキスト」にもとづくものである。

　「予防処置」箇条がなくなった理由は、その必要がなくなったからではない。それは、マネジメントシステム全体に「リスクにもとづく考え方」を組み入れたからである。リスクを考え、マネジメントシステムを効果的に運用する行為そのものが予防処置活動である。2015年版規格にもとづく内部審査では、「予防処置の事例がない」という事実があれば、マネジメントシステムが適切に運用されていると判断されにくくなるだろう。日常的に必要なリスクを認識し、それらに対して機会を得たうえで、効果的な手を打つからこそ、事業目的の達成に向かうことができるといえる。

2.9　課題－リスク－活動へ結びつけ・展開し、差別化を図り優位に立つ（箇条4／6／8）

　近年いわれる「リスクマネジメント」は、以前の「負に対する対応」から「経営目的達成に対する対応」に移り変わってきている。世の中の変化は今やそのスピード、規模の拡大ともに激しく、一時も立ち止まってゆっくり考える隙を与えてくれない状況である。前述した組織の現状把握についても、刻々と変わり、その変化に常に対応し応えていかなければ、たちどころに同業他社に大きく水を開けられ、市場に魅力ある製品、サービスを提供できずに取り残されていく。

　多くの組織はそうなるまいとSWOT分析といわれる手法を活用し、

自社の「強み」「弱み」「脅威」「機会」を分析し、今後の経営の方向性を見い出している。「いかに脆弱な点を改善、克服し、強みをタイムリーに活かしていくか」を模索しているのである。

SWOT分析を常に日常活動に取り込み、改善活動を最前線現場で繰り返していくことで、組織は強化される。それが市場での差別化に繋がり、優位に立つことができるのである。結果的に市場で優位に立つことのできる組織の姿が、規格要求事項を満たし認証を得られるのであって、その逆ではない。

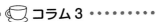コラム3
「リスク」は難しく捉える必要はない⁉

2015年版規格の要求事項に「リスク」への取組みが登場してきたために、リスクに取り組むための手段として新たな活動を考えがちだが、リスクへの取組みはその時点で始まったことではないはずである。事業経営の過程では常にリスクが付きまとっているため、リスクは「回避したり、低減すべきもの」「ときには容認する必要のあるもの」である。

さまざまな会議体やプロジェクト、日常管理のなかでも、規格を構築する前に、すでにリスクへの取組みが行われているのである。それをそのままマネジメントシステムに組み入れればよいのである。そうすれば個々の課題や問題がどのように対応を図っているかがわかる。

家庭でも気兼ねなくリスクへの取組みをしているはずである。防災、防犯への備えや準備は、まさに家庭におけるリスクへの取組みなのだから、改めて難しく捉える必要はない。

2.10 すでに行っている「リスク及び機会」への取組みを理解しよう

　リスク及び機会への取組みは、通常、日常的に、あるいは組織内のあらゆる会議体のなかで、またはプロジェクトチームを組んで審議し、対応策が決められ、手が打たれているものである。例えば、**表2.6**に2015年版規格それぞれの「リスク」「機会」を例示した。

　このように見ると、少なからずリスクを把握し、対応策を決め、手を打っていることがわかるであろう。もちろんこれは、何度もいうように規格要求事項に応えるために行っているのではなく、事業目的の達成、事業継続のために行っていることである。

　もし、不足している部分があっても、それを審議・整理し、それらをあわせマネジメントシステムに取り込めばよい。

表2.6　2015年版規格それぞれの「リスク」「機会」の例

種別	リスク	機会
品質	不良品発生・増加のリスク クレーム増加のリスク 製品回収のリスク 法令違反、基準違反のリスク 顧客離れのリスク コスト増加のリスク　　他	生産性向上 コストコントロール 新製品、新サービスの開発 営業力・接客力の強化 品質保証の強化 検査・検証体制の強化　他
環境	環境汚染のリスク 温暖化のリスク 廃棄物増加のリスク 法令違反、基準違反のリスク 環境事故のリスク 緊急事態発生のリスク　他	汚染防止技術の開発 汚染・温暖化予防設備の導入 リサイクル化の推進 コンプライアンス体制の強化 業務の効率化、ムダとり 環境適合設計　　　　　他

2.11 情報の見える化で組織内外の情報共有を図る（箇条 7.5）

　ISO マネジメントシステム要求事項を満たそうとするとき、多くの組織が「マニュアルづくり」「手順の文書化」「記録様式づくり」から入ると思われる。しかし、それが認証を得るための仕事であると思っていないだろうか。

　2015 年版規格では、マニュアルの作成要求がなくなっている。「要求事項がなくなって、どうすべきか」と思案に暮れている組織も少なくないようである。さまざまな文書化の要求事項も、記録作成の要求事項も以前の規格からは大きく減少した。「つくった文書、記録をどうすべきか」について悩む向きも見られる。しかし、2015 年版規格をよく見てみると、確かに 2015 年版規格が要求する文書化や記録作成は減ったかもしれないが、一方で「マネジメントシステムの有効性のために必要であると組織が決定した文書化した情報」、つまり組織が必要とする文書や記録はマネジメントシステムに含めるよう要求していることがわかる。

　組織には、ISO マネジメントシステムに取り組もうが取り組まなかろうが、これまで現場で必要としてつくり上げてきた文書や記録が多くあるはずである。また、顧客が要求したり、法規制が要求したりすることでつくられている文書、記録も多いものである。

　それらは、少なからずマネジメントシステムの有効性に影響する文書、記録、つまり「文書化した情報」である。「こちらが ISO の文書、記録で、それ以外は ISO の対象外の文書、記録である」と捉えることは、マネジメントシステムの目的を考えてみればおかしい。組織は、マネジメントシステムの構築・運用に責任をもち、その実行を確実にすることで、意図する成果、事業目的を達成し、社会に向けて説明責任を果たしていく。その証拠となるのが、作成されている「文書化した情報」の数々なのである。

さまざまに文書化、記録化を図ることで、内部のコミュニケーションが充足し、情報共有が図れることも多い。外部に向ける情報発信においても、悪い情報をどのように発信するかもさることながら、良い情報をどのように発信していくかも重要なポイントである。社会への情報発信の成否は、社会との情報共有の成否に繋がるのである。

さて、文書化、記録化というと、すぐに紙上やPCの画面上で表示するイメージが思い浮かばないだろうか。しかし、文書化した情報の媒体は、なにも紙上やPCの画面上に限ったものではない。組織のなかには、ポスター、ホワイトボード、VTR、CDといったさまざまな媒体が必要なところで掲示されたり、書き込まれたり、映し出したりして、情報を伝達、あるいは指示している。これらは皆、「文書化した情報」なのである。

> **コラム4**
> ### マニュアルはつくるべきか、つくらざるべきか
>
> この疑問は、2015年版規格への対応をしようとしている組織すべてがもつものであろう。
>
> 「規格が要求しなくなったからつくらないでよいだろう」と考えるのは浅はかである。そもそも、経営の目的を達成すべく行う活動をマネジメントシステムというツールで行おうとするのであるから、「組織内で構築したマネジメントシステムがどのようなもので、どのような活動をどのようにしていけばよいのか」について共有し合わなければならない。その筆頭となる「共有化した情報」がマニュアルなのである。
>
> 「どのような構造でつくるべきか」を決めるのは組織なのだが、例えば、「新入社員や顧客が理解できる程度にわかりやすくしよう」と力を尽くすことで、組織の身の丈に合ったマニュアルになっていくのではないかと筆者は思っている。ちなみに、活動の流れ

をつくるに当たって、PDCAサイクルを基本として研究し尽くされた「共通構造」(2.1節)に従うことは一つの方法である。

2.12 目標の展開次第で、停滞したり急成長したりする(箇条6.2)

「いざ、事業目的達成に向けて頑張ろう、改善していこう」と組織が決定したら、適切な目標の設定や展開を行い、強力な推進力が生まれ、その達成に向かうものである。それでは、「適切な目標の設定や展開」というのはどのような事態を指すのだろうか。

「適切な目標設定」とは、「適切な指標と適切な目標値をもったうえで、"改善したい"または"達成したい"具体的な課題項目を何らかの明確なデータのもとで設定し、スケジューリングすること」である。

例えば、「かけっこ」を考えてみよう。「早く走れるようになる」では具体性に乏しい。そこで「何を」「いつまでに」「どのくらい」を明確にする。「100mを」「1年以内に」「15秒切れるように」といった具合である。これは結果系の目標である。そして今度は、それを達成するための手段系の目標を考えるのである。「体力(足腰)づくり」「栄養(食事)管理」「実戦訓練」などである。こうして考えた手段を実行するためには「何を準備したりチェックするのか」「途中で監視が必要か」などを計画したうえで進捗管理していくのである。

なお、組織の目標を展開する場面では、意外と進捗管理ができていない場合が多い。仮にできているとしても半年に一度とか、3カ月に一度である。世の中の変化のスピードはものすごく速い。これが売上目標だったとしたら、半年、3カ月も放置するだろうか。マネジメントシステムにおける目標も、売上目標と同じである。目標によっては、毎月、週ごと、日々の進捗管理があってしかるべきである。

また、目標においては達成すべき目安をもたせることが重要である。容易に達成できては適切でないし、難しすぎて手が届かないのでも適切ではない。もし、数年にわたって同じ目標を掲げている場合は、前年、前々年といった過去のデータを根拠にするとよい。

　このとき目標は、個々のレベル、立場に応じて設定するべきである。組織（部門）目標をとにかくもてばよいのではなく、組織（部門）目標を達成するためのチーム目標や、チーム目標を達成するための個々人の目標などに広がるように目標を設定・管理することで、強力な推進力が生まれるのである。

2.13 規格要求事項のチェックが内部監査を実のないものにする（箇条9.2）

　我が国では組織に内部監査という習慣は根づいていない。ISOマネジメントシステムの要求事項にあるために、初めて内部監査というものを知った組織も少なくないほどである。

　規格要求事項では、「この規格要求事項を満たしているかどうか」が内部監査の目的の一つとしている。そのため、要求事項の一つひとつを真の意図を十分に理解しないままに、YES・NO型でチェックリストがつくられ、監査では、さも規格を満たしているように取り繕う内部監査が行われてきている。その結果、マネジメントシステムの有効性の監査に繋がらないことに不満を感じる人々が出てくる。これが多くの組織における内部監査の実態である。

　しかし、現場を見ると巡回パトロールが行われたり、顧客に成り代わって覆面要員によるチェックが行われていたり、監査室による業務監査が行われていたりする。このように改善点を検出する効果的な活動も別に行われているのである。

　これらの活動は、すでに内部監査の一つなので、マネジメントシステ

ムに取り込めばよい。また、内部監査を行うとき、特定のマネジメントシステムに限定し拘る必要もない。例えば、「今は品質マネジメントシステムの内部監査、次は環境マネジメントシステムの内部監査」と切り分ける必要はないのである。

内部監査員が、顧客の目線や経営者の目線で、心配な点や改善が必要そうな点を労働安全衛生上のことでも、セキュリティ上のことでも何でもよいから検出すればよいのである。管理責任者はともかく、内部監査員のすべてが必ずしも規格要求事項を知らなくてもよいからである。

以上のようにして実をとる内部監査にしていくことが、結果的に規格要求事項を満たすことにつながっていくのである。

☕ コラム5
決めたルールどおりに現場が動いても不十分である

組織の内部監査を見ていると、「決めたルールどおりに現場が動いているか」という視点でばかり内部監査が行われていることが少なくない。これは決めたルールが適切なら、その周知徹底ぶりを確認するという意味合いで、良い内部監査といえる。

しかし、決めたルールが不適切であった場合、ルールどおりに現場が動いていても、効果を発揮しない形ばかりの活動になっているかもしれない。

規格要求事項を形式的に満たそうとして、理解不十分なままでも要求事項に対するルールを作成しようとするほど、ルール自体が型どおりになっていて、規格が真に意図する方向に向かわないことになる。ときには、ルールそのものが適切なのかどうか振り返ることが肝要である。2015年版規格への改訂は、まさしく組織内で決めたルールそのものの適切性をレビューする機会になるのかもしれない。

■内部監査の進め方を刷新しよう

　内部監査が停滞している組織をよく見かける。その大半は、日中、被監査部門を会議室によんで、手順書どおりの運用と記録の確認を中心にしていることが目立つ。現場を訪ねたとしても文書・記録の保管・管理に関する確認に終始していることが多い。

　外部審査で改善を試みているのと同じように、内部監査もその進め方を検討するとよい。

- 顧客やトップの視点で現場を見に行き、じっと観察する時間を多くとる
- 早朝や夕方、あるいは深夜に現場観察を行う
- 現場の朝礼や夕礼に同席する
- ホームページで紹介していることと実態とを比較観察する
- できるだけ多く現場作業者にインタビューする
- 少人数の部門、少人数のサイトであっても現場に出向き、掲示物や作業ぶりを見る

以上のような現場中心型の監査によって、部門やサイトの改善点、温度差、良い点が数多く見つかる。また、出向いた内部監査員の現場知識の学習にもつながる。

2.14　本来のマネジメントレビューは能動的であり、機動性が必須となる（箇条 9.3）

　マネジメントレビューは、トップマネジメントに対してマネジメントシステムの活動状況を報告し、トップマネジメント自身がその報告に対して、さらにマネジメントシステムによる成果を達成すべく指示を出す機会である。

　規格要求事項を単に満たそうとすると、年1回インプット事項とアウトプット事項を記した記録を用意さえすればよいということになってく

るが、経営の観点からすると、能動的でなく機動性もなく、形式化、形骸化している。このようなあり方を許す組織が多いのである。

　しかし、実際の経営では、能動的なトップへの報告、それに応じたトップからの指示が期待される。機動的でタイムリーに活動のレビュー及び処置を行っていかないと、たちまち市場から取り残される。

　マネジメントレビューを「経営会議」や「幹部会議」と名づけている組織もしばしば見られる。月単位、季節単位といった短いサイクルで審議することもあれば、半年に1度、包括的にまとめをし、審議することもある。通常、組織内には、その双方のマネジメントレビューが存在し、行われている。また、頻繁に行う経営会議や幹部会議、包括的に行う経営計画審議会など、組織ではいろいろな会議が行われている。このような機会を通じて、短い期間でのレビューと長い期間を振り返るレビューは常に行われているのである。

　マネジメントレビューという用語に捉われる必要はない。「議事をISO 9001規格要求に絞る、ISO 14001規格要求に絞る」など限定したマネジメントレビューにするから、実際に必要とされるレビューとかけ離れてくるのである。

　マネジメントレビューでは、特定のマネジメントシステムにこだわる必要はない。品質だろうが環境だろうが、安全だろうがセキュリティ、売上、コスト削減だろうが、どれもが混在したマネジメントレビューでよいのである。また、一つのマネジメントレビューで規格要求事項のすべての事項を満たす必要もない。例えば、年間を通して、すべての項目に触れていればよいのである。

　このようにしてマネジメントレビューがタイムリーにトップマネジメントに報告され、それにもとづいてタイムリーにトップマネジメントからの指示を受け、組織の問題のタイムリーな解決を図っていくことが重要である。

2.15 規格の構造や用語に捉われる必要はない

「規格の構造や用語を使用しなければならない」と思っていないだろうか。規格の構造や用語をそのまま使用しているために、組織に馴染まなかったり、実際の事業プロセスと合致しなかったりしているケースが見られる。しかし、規格の構造や用語の構造や用語に捉われる必要はないのである。

なぜなら2015年版規格（ISO 9001及びISO 14001）は、その附属書「構造及び用語」項で以下を言及しているからである。

> 「この規格では、組織のマネジメントシステムの文書化した情報にこの規格の構造及び用語を適用することは要求していない」
> 「組織で用いる用語を、この規格で用いている用語に置き換えることも要求していない」
> 「組織は、それぞれの事業（運用）に適した用語を用いることを選択できる」

以上のように、2015年版規格自ら、「規格の構造、用語に沿わなくてよい」としている。

文書化の要求は、以前に比べると大きく削減されたことは前述したが、それでも何らかの規定文書をつくったり、活かしたりするであろう。その際、タイトルも、その構造（目次構成）も、用語も、2015年版規格に沿わなくてよいのである。

例えば、「マニュアル」は、そのタイトルも「事業運営規定」や「マネジメント規程書」などと組織が自由に決めてよい。また、「トップマネジメント」「コミットメント」「トレーサビリティ」「内部監査」「マネジメントレビュー」などはわかりやすい言葉に変えてよいのである。このように規格の意図を理解したうえで、組織に見合った、またはすでに使っている用語を使えばよいのである。

2.16 さまざまな支援文書がすでに発行されている

　規格要求事項の意図や規格策定者側の考えを、さらに知りたい場合、組織のマネジメントシステムを支援するための文書が、いくつかISOから発行されている。

- ISO 9001：2015 変更の概要
- ISO 9001：2008 と ISO 9001：2015 との相関表
- ISO 9001：2015 リスクに基づく考え方(PPT)
- ISO 9001：2015 におけるリスクに基づく考え方
- ISO 9001：2015 実施の手引き
- ISO 9001：2015 改訂よくある質問集
- ISO 9000 ファミリー規格よくある質問集
- ISO 9001：2015 プロセスアプローチ(PPT)
- ISO 9001：2015 のプロセスアプローチ
- ISO 9001：2015 の文書化した情報の要求事項に関する手引
- ISO 9001：2015 変更管理

　上記の文書は、日本語訳され、日本規格協会のWebページ[1]で閲覧することができる。

　また、ISO 9001：2015の発行に伴い、ISO 9000：2015「品質マネジメントシステム―基本及び用語」が発行されている。

　ちなみに、規格要求事項をより良く理解しようとするときは、ISO 9001であれば、ISO 9002「ISO 9001の適用に関する指針」(2017年発行予定)などが、ISO 14001であれば、その附属書A「この規格の利用の手引」やISO 14004：2016「環境マネジメントシステム―実施の一般指針」が参考になるであろう。

　さらに、2015年版規格(ISO 9001 及び ISO 14001)の周辺には、さまざまなファミリー規格が発行されている。学習するとよい規格について

---

1) http://www.jsa.or.jp/stdz/iso/iso9000.html

表 2.7　ISO 9000 ファミリー規格（一部）

ISO 9004：2009「組織の持続的成功のための運営管理―品質マネジメントアプローチ」	ISO 10005：2005「品質マネジメントシステム―品質計画書の指針」
ISO 10006：2003「品質マネジメントシステム―プロジェクトにおける品質マネジメントの指針」	ISO 10007：2003「品質マネジメントシステム―構成管理の指針」
ISO 10001：2007「品質マネジメント―顧客満足―組織における行動規範のための指針」	ISO 10002：2014「品質マネジメント―顧客満足―組織における苦情対応のための指針」
ISO 10003：2007「品質マネジメント―顧客満足―組織の外部における紛争解決のための指針」	ISO 10004：2012「品質マネジメント―顧客満足―監視及び測定に関する指針」

表 2.8　ISO 14000 ファミリー規格（一部）

ISO 14004：2016「環境マネジメントシステム―実施の一般指針」	ISO 14005：2010「環境マネジメントシステム―環境パフォーマンス評価の利用を含む、環境マネジメントシステムの段階的実施の指針」
ISO 14006：2011「環境マネジメントシステム―エコデザインの導入のための指針」	ISO 14015：2001「環境マネジメント―用地及び組織の環境アセスメント」
ISO 14044：2006「環境マネジメント―ライフサイクルアセスメント―要求事項及び指針」	ISO 14046：2014「環境マネジメント―ウォーターフットプリント―原則，要求事項及び指針」

表 2.7、表 2.8 に示す。

2.17　事業を継続させ発展・成長させるには規格要求以上のことをすべきである

　特定のマネジメントシステム規格要求事項に対応するだけでは事業継続の観点からはその目的を達成するうえで不足することがある。

現実的に組織のマネジメントシステム運用能力を高め、事業を継続、成長・発展させるためには、「当該マネジメントシステム規格要求事項だけ満たせばよい」という考えは危険である。

それを避けるため、以下に取組みを推奨したい事項を述べる。

2.17.1 「品質」の活動で取り組みたい他のマネジメントシステム要求事項

(1)「順法」への取組み

法令・規制要求事項に関してISO 9001：2015が言及しているのは、「顧客重視」の箇条で要求している「適用される法令・規制要求事項を明確にし、理解し、一貫してそれを満たしていること」であるが、その法令・規制要求事項を狭く捉えるのは現実的ではない。事業継続の観点から、広く捉えることが重要である。「品質」マネジメントシステムであっても、「環境」「労働安全衛生」「セキュリティ」などの法令・規制要求事項は押さえたい。これらは内部統制の観点からもいえることである。

また、ISO 9001では言及していないが、他のマネジメントシステムで言及している「順守評価」もまた重要な活動である。特定した法令・規制要求事項が確実に順守されている状態にあるかどうか、評価することは、組織が潜在的に抱える法令違反に対するリスク回避の活動となる。

(2)「緊急事態」への取組み

ISO 9001：2015では言及していないが、他のマネジメントシステムでは「緊急事態」に言及している。そこでは、緊急事態を特定し、それに対して準備し対応するプロセスをもつこと、それらを適切に運用することを求めている。

組織には、あらゆる緊急事態が内在している。特に、東日本大震災後は、想定外の事態が嫌われ、事業継続の観点から、天災時の準備やその対応も組織に求められるようになってきている。

リスクの高い緊急事態を想定し、その準備・訓練などを行っておくことは、「品質」マネジメントシステムでも重要といえよう。特にその訓練は、リアルに想定しておくことが、実際の緊急事態に遭遇したとき、有効性を発揮するといえる。

上記のように対応することで、その後の事業再開がより効率的になり、また、顧客の満足につながって、それが信頼につながる。

2.17.2 「環境」の活動で取り組みたい他のマネジメントシステム要求事項

(1) 「組織の知識」への取組み

組織は、さまざまな「知識」の集合体である。その知識を有機的に結び付けて運用し成果を得ている。そのため、環境マネジメントシステムを効果的に運用し成果を出すために、さまざまな部門でさまざまに培った知識があろう。

しかし、それらの知識が、組織の個々人の知識に留まっていて、組織の知識になっていなかったり、または「あの人がいないとわからない」という事態になったことはないだろうか。

組織の培った知識を喪失してしまうリスクに対応して、「いかに知識を組織のものにしていくか」「世代交代や退職時に向け、いかに知識を伝承させるか」は、組織の重要、かつ、取り組むべき課題である。

(2) 「ヒューマンエラー」への取組み

環境マネジメントシステムを運用していく過程では、人に起因するミス、トラブルといった「ヒューマンエラー」はつきものであろう。普段から「いかにヒューマンエラーを防止するための対応をしているか」が鍵となる。ただし、再発を防ぐために、「周知徹底した」「注意喚起した」だけでは必ずしも再発防止とならず、同じことが繰り返されてしまう。

原因を仕組みの悪さで分析し、仕組みそのものを改善することが必要

である。環境マネジメントシステムの取組みにおいても、ヒューマンエラーへの取組みは必要といえよう。

> **コラム6**
> **規格を最低限満たしているだけでは不十分である**
>
> 　多くの組織では、「規格要求事項の適合性について最低限満たしていればよく、活動で得られるその有効性については二の次」と思われているケースが見受けられる。しかし、それでは何のために、マネジメントシステムを構築し、規格要求事項という「改善のためのツール」を使って活動しているのだろうか。
>
> 　2015年版規格に取り組む動機としてはまず、組織の事業継続及び顧客や社会からの信頼性の確保が考えられる。内部監査においてもその観点から評価し、改善点を探ることで、経営に寄与できると筆者は考えている。
>
> 　内部監査では「"改善のためのツール"をどのように使って活動すれば、より一層事業継続、つまり顧客の獲得拡大が図られ、社会的に信頼される組織になるか」が焦点となる。規格要求事項をギリギリ満たせばよいというのではなく、もっと事業経営の体質を強化する意味合いで、規格要求事項を理解し、さらに有効性を増す活動にしていく必要がある。

第3章

品質経営に向けた品質マネジメントシステム固有要求事項

3.1 2015年版改訂への対応はここを押さえよう

　ISO 9001：2015 の改訂点は、箇条項番だけを数えても 20 項強に及ぶ。しかし、そのなかには「5.2.2　品質方針の伝達」での新たな要求である、「必要に応じて、密接に関連する利害関係者が入手可能である」などのように、実際の品質マネジメントシステム（以下、QMS）の運用に対してほとんど影響のないものが多く含まれる。

　ISO 9001：2015（以下、2015 年版規格）への対応においては、以下の箇条への対応が重要である。

- リスク及び機会への取組み（箇条 6.1）
- 組織の知識（箇条 7.1.6）
- 製造及びサービス提供の管理（ヒューマンエラーを防止するための処置）（箇条 8.5.1 g））
- 変更の管理（箇条 8.5.6）

これらをしっかり行うことは、単なる規格改訂への対応だけでなく、組織の QMS 運用の有効性を高める効果があると筆者は確信している。

　これらの重要ポイントについて、以下、具体的に話を進めていこう。

3.2 「リスク及び機会」は「3H」と「変化」がキーとなる

　「リスク及び機会」は 2015 年版規格において追加された要求事項であり、この要求事項によって 2008 年版規格の「予防処置」は廃止された。

　まず、ここで「リスク」の定義を再確認しておこう。

　「リスク」とは「不確かさの影響」である。「機会」の定義はないが、「リスク」を「望ましくない影響」と捉えれば、「機会」は「望ましい影響」であり、「リスク及び機会」で一つのワードと考えたほうがよい。

　「リスク及び機会」（以下、リスク）は、その決定の仕方を決めることが

重要である。刻々と変わっていくリスクに応じた対応が必要になるが、元々この運用は、新製品・新サービスの計画の段階で必然的に行われており、必ずしも新たな仕組みを構築する必要はない。

「どの範囲までのリスクを対象とするか」については組織が決めればよいが、規格の要求は「運用の計画及び管理」(箇条 8.1)での対応である。箇条 8.1 には、「組織は、〈中略〉製品及びサービスの提供に関する要求事項を満たすため、並びに箇条 6 で決定した取組みを実施するために必要なプロセスを、計画し、実施し、かつ、管理しなければならない」とある。つまり、特定したリスクへの取組みの受け皿は、「運用の計画及び管理」ということである。

建設業で行われている着工前検討会、製品設計や工程設計に先立って行う FMEA[2]などは、いずれもリスク抽出の運用である(病院での看護師業務における FMEA 事例を表 3.1 に掲載しているので参照されたい)。

FMEA を行わないとしても、新規製品・サービスの立上げの事前検討は行っているはずであり、設計・開発におけるデザインレビュー(DR)もリスクの抽出が目的であるといっても間違いではない。

このような場面で特定されたリスクへの対応計画は、建設業であれば「施工計画書」、製造業であれば「QC 工程表」などが該当し、これらはいずれも「運用の計画及び管理」(箇条 8.1)の具体的な運用例である。

組織全体における外部・内部の課題から特定されたリスクへの対応は、この「運用の計画及び管理」では難しいかもしれない。そのような場合は、規格は要求していないが、「品質目標」での対応を推奨する。「クレームや製品不良がなかなか減らない」といった経営リスクへの対応を「品質目標」のステージに上げて改善を図ることは当然の運用であ

---

[2] Failure Mode and Effects Analysis(故障モードと影響解析)のこと。これは、設計や工程(または業務)の不完全性や潜在的な欠点を見い出すために、構成要素や単位工程(または単位業務)での故障(または失敗)モードについて、その発生頻度や発生時の影響を解析する、代表的なリスクマネジメント手法である。

表 3.1　FMEA ワークシート事例（注射薬業務）（一部抜粋）

職種	大分類	小分類	単位業務	業務の目的・機能	シーン（状況）	不具合様式（FM）	発生頻度 A	1次影響 FMによる業務への影響	2次影響 FMによる患者への初期影響	3次影響 FMによる患者へのその後の影響	影響度 B 患者への影響度	検知難易度 C	危険度 A×B×C
看護師	注射準備	抗がん剤準備	抗がん剤の残量をもう一人の看護師とダブルチェックする	抗がん剤の溶解量が正確であるか確認する	量を間違えている、誰もそばにいない	残量をダブルチェックしない（未チェック）	2	過量投与	化学療法による体調不良（悪心・嘔吐等）	抗がん剤の副作用が出現する重大な影響（白血球減少等）	8	5	80
看護師	看護師	変更指示	注射箋を取り出し、指示変更内容を記す	指示の変更に対応する	ナースコールに対応して業務中断	注射箋へ指示変更を記入しない（未記入）	4	変更内容が実施されない	状態が改善しない	—	4	3	48
看護師	注射薬確認	注射	（看護師A）注射指示書の薬剤名・用量を読み上げる	注射指示書の薬剤名・用量を認識する	注射指示が複雑	一部を読まない（誤読）	4	正しい注射が実施されない	状態が改善しない	—	4	3	48
看護師	注射薬確認	注射	（看護師B）カート内の薬剤名・用量の注射箋を見る	カート内の薬剤名・用量を認識する	注射指示が複雑	薬剤本数を見間違える（誤見）	4	正しい注射が実施されない	状態が改善しない	—	4	3	48
看護師	注射薬確認	注射	（看護師B）読みあげられた注射指示書とカート内の注射箋を照合する	指示と注射薬が合っているか確認する	注射指示が複雑	カート内薬剤が指示と異なるのに合っているとする（誤照合）	4	正しい注射が実施されない	状態が改善しない	—	4	3	48
看護師	実施	患者確認	ベッドネームを読む	ベッドに点滴を実施する患者であることを確認する	重症患者で返事ができない。病態、年齢の似た患者がいる。	ベッドネームを読まない（未読）	2	違う患者に点滴する	計画外の薬剤の作用が出ない	—	4	5	40
看護師	注射準備	注射薬取り出し	カートから注射箋をもとに注射薬を取り出す	正確に注射薬を準備する	ナースコールに対応して業務中断	薬剤本数を取り出し間違える（誤取出）	3	間違った用量を投与する（2V必要であるが1V投与）	薬剤の効果が出ない	—	4	3	36
看護師	注射準備	注射	カート内から取り出した注射薬を準備した作業台に置く	正確に注射薬を準備する	作業台が乱雑になっている	注射薬を置く場所を間違える（誤置）	3	違う患者の"ポット"に"混注する注射薬"をセットする	計画外の薬剤の作用が出る	—	4	3	36

出典）飯田修平 編著：『FMEA の基礎知識と活用事例［第 3 版］』，日本規格協会，2014 年

3.2 「リスク及び機会」は「3H」と「変化」がキーとなる　57

る。日常管理で対応できるようなレベルの軽微なリスクもあり得る。

図 3.1 は各リスク源から特定されたリスクへの対応を図示したものである。「品質目標」と「日常管理」への矢線を破線にしているのは、規格の要求ではないことを示している。

図表 3.2 で、リスク源となる要素として「3H」と「変化」に着目すると、リスクの特定が容易になる。「3H」とは、「初めて」「久し振り」「変更」である。このとき、「変更」と「変化」は、本章では明確に区別しており、「変更」とは「能動的に変えること」で、「変化」とは「受動的に変わること」である。

「初めて」には、新人、新製品、新規導入設備などが、「久し振り」には、設備の定期点検、故障対応などが、「変更」には、「4M[3]変更」などが該当する。

「初めて」リスクの代表は新製品であるが、この対応は規格要求の主

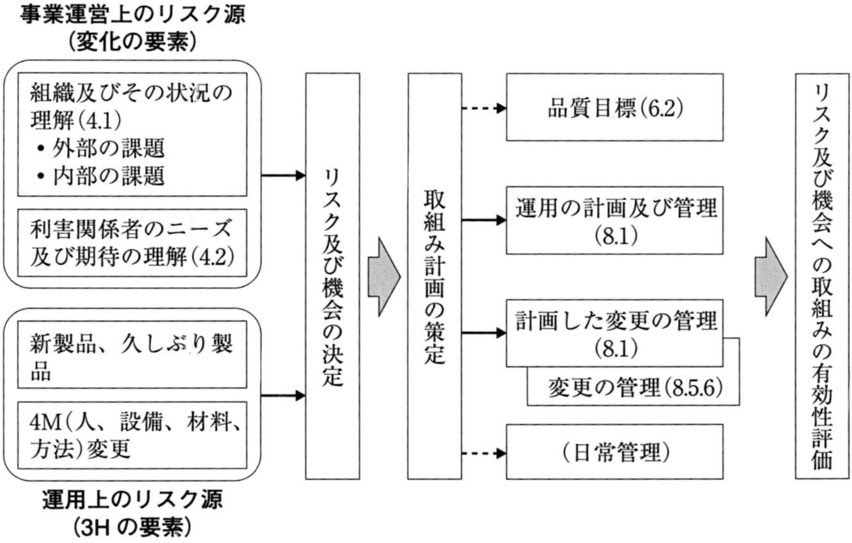

図 3.1　QMS におけるリスク源とその対応

---

3)　Man(人)、Machine(機械)、Material(材料)、Method(方法)のこと。

体である「運用の計画及び管理」であることは前述のとおりである。

「久し振り」がハイリスクであることは、さまざまな事故事例から明確である。設備の定期点検、故障対応などの非通常作業時はこの「久し振り」に該当するが、労働災害はこの非通常作業時に発生することが多いといわれている。

「変更」には主に「4M変更」が該当するが、ここにも多くのリスクが潜んでいる。この「変更」リスクへの対応は、2015年版規格での新たな要求事項である「変更の管理」(箇条 8.5.6)での対応が可能である。これ以外にも、要求事項の変更、設計変更、システム変更など、「変更」にはさまざまな内容が含まれる。

なお、「改善」にも「変更」が付き物であることを忘れてはならない。「改善」するためには、4Mや仕組みの「変更」が必須であるが、ここには必ず「変更」リスクが存在することを認識し、その効果(機会)の検証に加えて、副作用(リスク)についても十分に検証したうえで、変更の決定をすべきである。もちろん、「リスク」を恐れて何も「変更」しないということは、改善の「機会」を喪失することにつながることはいうまでもない。

これらの3Hに比べて「変化」は厄介な代物である。

3Hの内容は、基本的には事前にその情報を入手できる。これらの情報を組織で共有化していなかったとしたら、それは内部コミュニケーションの仕組みに問題がある。一方で「変化」は、事前に情報入手できるものもあるが、入手困難か、または気づかないことも多い。加えて、「変化」がいろいろな失敗の真の原因であったとしても、この原因を除去することはほぼ不可能である。

「変化」には「外乱」と「内乱」がある。

「外乱」には、景気動向、為替変動、気象変動、利害関係者の動向、仕事量の増加(忙しい)などが、「内乱」には、要員の高齢化、機械の老朽化、作業者の疲労度合い・体調・精神状態などがある。

これらは「組織及びその状況の理解」(箇条 4.1) と、「利害関係者のニーズ及び期待の理解」(箇条 4.2) にも相当する内容である。

人は台風のように急激な気象の変化には敏感であり、事前に情報も入手できる。しかし、緩やかな変化には鈍感であり、その変化が累積した結果、対応が手遅れになることが往々にしてある。

有名な寓話である「茹でガエルの法則」をここで紹介する。

■茹でガエルの法則

2匹のカエルを用意し、一方は熱湯に入れる(急な変化)。もう一方は緩やかに昇温する冷水に入れる(緩やかな変化)。すると、前者は直ちに飛び跳ね脱出・生存するのに対し、後者は水温の上昇を知覚できずに死んでしまう。

上記のような「変化」によるリスクに対応するためには、「変化」をあらかじめ想定しておくことが必要である。例えば、以下のような対応が望ましい。

- 最初にどのような「変化」がリスク源になるのかを明確にする。
- 次に、その「変化」が監視・測定できるものであるかどうかを判断する。
- 「変化」が監視・測定できるものは、しっかりと監視・測定する。
- また、監視・測定できる「変化」に対しては、異常状態と判断する基準を設ける(管理図の発想)。
- 監視・測定の可・不可にかかわらず、リスク源になると特定した「変化」は、発生するものと想定して、あらかじめ対応策を準備しておく。

「変化」のなかでも外乱(景気動向、為替変動、気象変動など)の多くは測定できるし、また情報も入手できるので、「変化」に鈍感でない限り対応は不可能ではない。

しかし、内乱(作業者の疲労度合い・体調・精神状態など)には、現在

の技術では測定ができないものが多くある。

　筆者は以前、某組織の入社5年生30名ほどにQCセミナーを実施したとき、「入社してから過去に一度も二日酔いの状態で仕事をしたことがないと断言できる人は手を挙げて！」と聞いたところ、何と手が挙がったのはたったの3名であった。9割は二日酔い業務の経験者だったのである。振り返ってみれば、筆者もこの9割に分類されるので、この結果は当該組織の要員が異常な飲兵衛（のんべえ）集団ということではない。

　ちなみにこの後、手を挙げた3名に「あなたたちすごいね。模範的な従業員ですよ」と褒めたところ、3名ともに「私、酒飲めません！」という同じ答えが返ってきた……。

　二日酔いなのに業務に従事する行為が大きなリスクを伴うことは自明である。しかし、このリスクへの明確な回避（アルコールチェッカーの監視で未検出を判断基準に設定する対応）を行っているのは、貨物自動車運送事業者及び旅客自動車運送事業者のみである。その対応も2011年5月の各種関連法令の改正による、アルコール検知器利用の義務化によるものであり、自発的な取組みではない。しかし、自発的な取組みではないとはいえ対策が行われていることは事実であるので、この取組みを見習って、他人及び自らの命や重大な財産を喪失するリスクを伴う作業従事者を擁する組織には、一刻も早くアルコールチェッカーでの「変化」の監視を望みたい。

　監視・測定が不可能な「変化」は数多く存在する。作業者の疲労度合いや体調・精神状態などにおける内乱が典型的な事例である。外乱にも残念ながら地震発生を予測（監視・測定）する技術は未だ確立されていない。

　大変難しい対応ではあるが、これらの監視・測定が不可能な「変化」は発生するものと想定してその対応をあらかじめ準備しておくことが重要である。

　このことは、「ヒューマンエラーを防止するための処置」（**3.4節**を参

照)とも密接に関連する。

筆者が長くかかわっている品質工学(タグチメソッド)では、設計者が制御できないパラメータを「誤差因子」とよび、これを実際に出現する幅以上に大きく振って、この誤差に強い設計を最適設計(ロバストネス設計)とする。これはまさしく「変化」への対応である。

表3.2に、過去に経験したリスク例を列挙してみたが、そのリスク源にはやはり「3H」と「変化」のいずれかがかかわっていることが明確である。

「3H」と「変化」によって発生した事故事例については、**第5章**にも記述しているので参照されたい。

表3.2 「3H」と「変化」から発生するリスクの例

リスク源	リスク	リスクへの取組み	機会への取組み
小学校での設備工事〈初めて〉	子供が興味をもって近寄ってくることによる事故発生	学校の休憩時間における安全管理強化	将来の要員確保を見据え、設備工事の魅力を伝えること
設備の定期メンテナンス〈久し振り〉	非通常作業時における労働災害発生	作業前の訓練実施	熟練者から他の要員への技能継承
作業者変更〈変更〉	代行作業者の理解度不足による標準作業からの逸脱	作業手順書の整備・見直し及び教育実施	ロボット導入による作業者によるばらつきの解消
プラスチック成形品の増産〈変更〉	不良品(産業廃棄物)の増加による環境汚染	目標管理での不良品削減への取組み	新型成形機への切替え
為替変動〈変化〉	為替変動による外貨資産の増減	分散投資における為替変動影響の分散	FX投資の開始
気象変動〈変化〉	新幹線の遅れによる計画への影響	通常よりも1時間早い出勤	前日の移動による時間利用の有効化(夜遊びをするなど)
新型インフルエンザの流行〈変化〉	外出控えによる百貨店での売上への影響	売上予算の下方修正と経費削減	Web販売の強化

3.3 「組織の知識」は事業継続のための重要な資源である

　2015年版規格では、資源の管理として、従来からの要求である「人」「インフラストラクチャ」「環境」「監視及び測定機器」に加え、「知識」が新たに加わった。

　個人の知識に頼るのではなく、組織の知識として管理（維持、利用可能、更新情報へのアクセス）することが必要である。

　2015年版規格の箇条7.1.6の注記には以下の記述がある。

ISO 9001（JIS Q 9001）：2015規格

注記1　組織の知識は、組織に固有な知識であり、それは一般的に経験によって得られる。それは、組織の目標を達成するために使用し、共有する情報である。

注記2　組織の知識は、次の事項に基づいたものであり得る。
　a)　内部の知識源（例えば、知的財産、経験から得た知識、成功プロジェクト及び失敗から学んだ教訓、文書化していない知識及び経験の取得及び共有、プロセス、製品及びサービスにおける改善の結果）
　b)　外部の知識源（例えば、標準、学界、会議、顧客又は外部の提供者からの知識収集）

　人材育成への取組み状況が大変優れていたある組織では、エンジニア養成のための社内勉強会が毎週1時間実施されていた。そこでは、外部の知識源（標準や学界資料）をそのまま使うのではなく、「自社の製品への適用を意識した形に編集したうえで使用する」という工夫がなされていた。この事例は、上記注記の「外部の知識源」を「組織の知識」に変換した好例といえる。

　では「内部の知識源」である「経験から得た知識」「成功プロジェク

ト及失敗から学んだ教訓」などにはどのようなものがあるだろうか。以下にいくつか例を挙げる。

- ホテルのオープニングに特化した開業準備技術
- 営業要員がもっている、個々の顧客情報
- タクシー会社の運転手がもつうまい店の情報
- 輸送業でドライバーが知っている危険道路の情報
- 製造業での最適条件を決定した実験結果(プロセスの結果)
- 特殊工程従事者、技術者の特異な技術的力量

上記における「タクシー会社の運転手がもつうまい店の情報」について筆者には、こんな経験がある。

審査で初めて訪れた地方都市で、夕食を食べに出かける際にタクシーを拾い、運転手さんに「この辺で美味しいお店知っていたら連れて行ってもらえませんか？」と尋ねた。もちろん財布の中身と相談してのことなので、大体の予算を伝えてのうえである。その結果、大変おいしく、かつ手頃な値段の海鮮料理にありつくことができた。

1年後のサーベイランスで再訪した際に、そのタクシー会社名を覚えていたので、そのタクシーを見つけ、昨年同様に運転手さんにお願いした。しかし、「私は食通ではないので、良く知らないんです……」との答えが返ってきたため、非常にがっかりした。そのときは取り敢えず飲食店街まで運んでもらい、自分の勘で店に飛び込んだが、残念な結果に終わってしまった。

このタクシー会社の例は、顧客満足(Customer Satisfaction)を上回る、顧客感動(Customer Delight)の機会を逸したことにはならないだろうか。

上記で例示したような「内部の知識源」を、ある特定の要員だけがもっていても、それは「個の知識」にすぎない。これらを「組織の知識」として明確にしておかないと、事業継続に大きな支障を来たすリスクになる。

知識は「変化」の影響を大きく受けるリスクである。「個の知識」を

もっている要員が存在するうちは大きなリスクはないが、突然その要員がいなくなったとき、そこで初めて大きな「変化」に気づいても取返しがつかないことになりかねない。

仮に「個の知識」をもっている要員が存在し続けているとしても、時間という「変化」の要素によって、その知識の質が低下することもあり得る。ましてやその知識が「久し振り」にしか使わないものならば、いっそう時間による劣化は激しさを増すと思われる。

あなたの組織では「個の知識」を「組織の知識」に移行する努力をしているだろうか。

3.4 人が間違いを犯すことを前提にしたヒューマンエラー対策を行おう

3.4.1 ISO 9001：2015 におけるヒューマンエラー

当たり前のことかもしれないが、ヒューマンエラーとは、人為的過誤や失敗(ミス)のことである。

JIS Z 8115：2000「ディペンダビリティ(信頼性)用語」では、「ヒューマンエラー」について「意図しない結果を生じる人間の行為」と規定している。

2015年版規格では、ヒューマンエラーについての要求が新たな箇条として追加されたのではなく、「製造及びサービス提供の管理」(箇条8.5.1)のなかの一つ「ヒューマンエラーを防止するための処置を実施する」こととして追加されている。

3.4.2 ヒューマンエラーの分類：やり方

人は失敗をするからこそ、人としての魅力があるのかもしれない。

ヒューマンエラーと一言で括っても、その内容はさまざまであり、その種類は次のように、「原因」と「結果」で分類するとわかりやすくなる[4]。

(1) 「原因」で分類したヒューマンエラーの種類
① 能力の限界：自分の能力の限界を超えていた。
② 能力・知識不足：自分の能力・知識ではできなかった。
③ ポカミス：し間違い、し忘れ、思い違い。
④ 違反：手抜き、怠慢。

(2) 「結果」で分類したヒューマンエラーの種類
① やり忘れ：やるべきことをしなかった。
② やり間違い：間違ったことをした。
③ 余計なこと：やらなくても良いことをした。
④ 順序違い：やる順序を間違えた。
⑤ タイミングが悪い：順序どおり行ったが、遅過ぎた又は早過ぎた。

また、ヒューマンエラーが起きる「段階」には、次の4段階がある。

(3) ヒューマンエラーが起きる「段階」
① 情報源：最初から情報自体が間違っていた。
② 情報伝達：情報は正しかったが、伝達―受取の間で間違えた。
③ 情報を受けたときの判断：情報は正しく受け取ったが、判断を間違えた。
④ 行動：判断と違った行動をしてしまった。

「結果」と「原因」だけでなく、ヒューマンエラーがどの「段階」で起きたかを明確にすることは、プロセスアプローチを考えるうえでも非常に重要である。

---

4) 以下の(1)～(3)は、村田厚生『ヒューマンエラーの科学』(日刊工業新聞社、2008年)および小倉仁志『なぜなぜ分析実践編』(日経BP社、2015年)を参考に作成した。

ヒューマンエラーは単なる人の行動のエラーとは限らず、行動の元となる情報を受けるまでの段階に問題がある場合もあり得る。

　以前、ある組織で1年間に発生したヒューマンエラーを、関係者が「原因」「結果」「段階」で層別したところ、「原因」では「ポカミス」、「結果」では「やり間違い」が第1位であった。「ポカミス」により「やり間違い」を起こしたという結果は至って自然であるが、ここで、注目したいのは「段階」である。最も多かったのは「情報を受けたときの判断」という結果が出たからである。

　そこで、「原因」「結果」「段階」という3つの区分から出た結果を総合的に解釈した結果、以下のようになった。

　ヒューマンエラーの多くは「情報を受けたとき」に「ポカミス」を原因として行われた「やり間違い」である。つまり、「情報を受けたとき」に多くのヒューマンエラーの原因が発生している……。

　果たして本当にそうであろうか。

3.4.3　ヒューマンエラーの分類：「情報伝達」や「情報源」に注目する

　上記の分析は、「やり間違い」という結果を出してしまった当事者の評価結果にもとづいている点に留意しないといけない。

　ヒューマンエラーを起こしてしまった当事者は、「情報を受けたとき」よりも上流にある「情報伝達」や「情報源」に問題があったとはなかなか評価できない立場にいるものである。例えば、このことを裏づけるデータは、病院におけるインシデントレポートにも見られる。

　病院におけるインシデントにおいても、上記の例のように「結果」では「やり間違い」が多く、次いで「やり忘れ」になっている。ここで、再発防止策の実施者は、ほぼ看護師（インシデントを起こした当事者）である。そのため、「情報伝達」や「情報源」に問題があったという認識は見られないのである。

「情報伝達」や「情報源」というプロセスの上流に位置する要素は、設計・開発として捉えることが重要であり、失敗の多くは設計・開発を原因として発生している。この点については、**3.6節**に詳述するので参照されたい。

失敗学の提唱者、畑村洋太郎氏の著書である『失敗学のすすめ』では、失敗の原因を**図3.2**のように10項目に大別している。

図3.2の分類で興味深いのは、「無知」と「未知」が隣り合わせ、つまり紙一重になっている点である。

未だ市場にない製品を研究開発する段階での失敗は、「未知」による高次の失敗であるが、既定化された業務のなかで生じるヒューマンエラーは「未知」による失敗でなく、「無知」に近いところに原因がある。

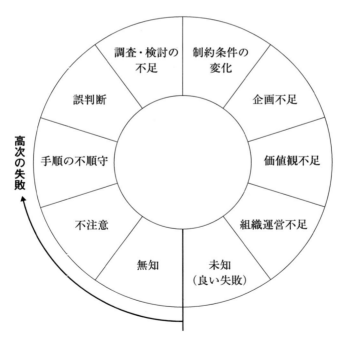

出典） 畑村洋太郎：『失敗学のすすめ』（講談社、2012年）をもとに筆者作成

図3.2 失敗の原因

これは当然の分析だろう。

　小さな子供が「初めて」（未知）にチャレンジして小さな失敗を犯すことは、大変良い機会であることは誰でもわかる。このとき、大きな失敗にならないようにする責任は保護者にあるため、子供の「初めて」リスクへの事前対応ができなかった場合、保護者の「不注意」であるが、「無知」と言われても仕方ないと思われる。

　このように、ヒューマンエラーもリスク（不確かさの影響）によって引き起こされる結果の一つであるといえる。

3.4.4　ヒューマンエラーとリスク
(1)　ヒューマンエラーと「人の変化」
　ヒューマンエラーの不確かさは「人の変化」による。要員間のばらつき（力量、知識、体力など）や、個人の変化（疲労度合い・体調・精神状態など）によって発生するからである。ヒューマンエラーを毎日繰り返す人はおらず、ヒューマンエラーを起こすときは、「いつもと何かが違っていた」（「変化」があった）はずなのである。

　「うっかり」「ぼんやり」にもその原因となる「変化」があったはずだが、この原因の特定はかなり難しい。なぜならこの真の原因を当事者が表明すると、「言い訳するな！」と一喝されるのが一般的だからである。

　嘘でない言い訳は、真の原因であることが本来は多いのだが、これを真剣に考える人は少ないし、この真の原因の多くは除去できない。

　どこまで人の「変化」を許容するのかは難しい。

　二日酔い出社した人や、小学校1年生レベルの集中力しかない人を"組織内で「変化」の想定に入れろ"とはさすがに要求できない。しかし、「忙しい」人がいたり、長時間勤務をさせると「疲労」による集中力の低下が起こるといった「変化」を想定したうえで業務設計を行うべきである。

　人の「変化」による失敗を防止するための処置は、いわゆる「フール

プルーフ(ポカヨケ)」である。

(2) 具体例の検討

以下、踏切事故における対策を考える。

図3.3では、フェーズ1(標識の設置)、フェーズ2(警報機の設置)、フェーズ3(遮断機の設置)と、レベルが徐々に上がっているものの、未だ人に対する注意喚起の状態であり、応急処置の域を脱していない。

特に、フェーズ1はほとんど工夫のない注意喚起であり、効果はあまり期待できない。製造現場でミスを起こした後の再発防止として、標準化の名の下に「作業標準書」に注意事項を追記しているのは、この

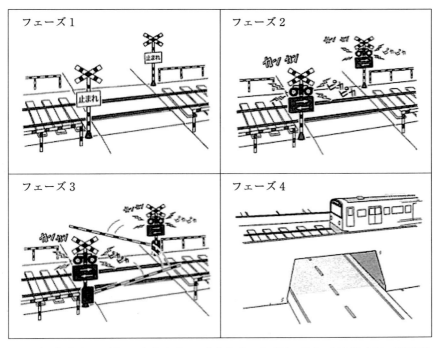

出典) 加藤充可:「「ぽか」と上手につきあう法―なぜ起こる? どう防ぐ?」、『標準化と品質管理』、Vol.59、No.4、p.22、日本規格協会、2006年

図3.3 踏切事故のフールプルーフ

フェーズ1に相当するレベルである。

一方、フェーズ4の処置は、「失敗を起こさなくする」のではなく「失敗を起こせなくする」フールプルーフの手段であり、フェーズ1～フェーズ3とはまったくレベルの違う恒久処置になっている。

この事例の場合、立体交差にするには莫大な費用がかかるので、どこまでフールプルーフに投資するかは、費用対効果で考える必要がある。

しかし、身の回りでのちょっとした創意工夫でできるフールプルーフは数多くあるはずで、そのことに気づくような習慣をつくること、また気づいた当事者が必死になって考える努力が重要である。

(3) ヒューマンエラーと人の記憶

起こってしまったヒューマンエラーへの対策について、フールプルーフを考えずに、「今後気を付けます」型の属人的対策をとるとしたら、一度起きた失敗は必ず再発する。

ドイツの心理学者であるヘルマン・エビングハウスが導いた「忘却曲線」とは、「人は記憶した内容を、20分後に42%、1時間後に56%、1日後に74%、1週間後に77%、1カ月後に79%を忘却する」というものである(ただし、これは、無意味な音節を覚えてそれらがどの程度記憶に残るかという実験結果である)。また、エビングハウスの忘却曲線の忘却率はあくまでも実験で得られた数字であり、これ以上に忘れる人もいれば、これ以下の人もいる。これも人のばらつきの一種である。

さて、ヒューマンエラーを起こした際に、「次の日の朝礼で注意喚起したことでその対策を完了した」とすると、その内容に興味がない場合には、翌日に7割以上も忘れられてしまう。「注意喚起」というものはふつう人はあまり興味をもてないものだから、毎日繰り返さないと、人の記憶に残らず、意味があまりないのである。途中で新人が入ってくる場合も考慮すれば、重要な「注意喚起」は当事者でなくてもわかる言葉で毎日行う必要がある。

しかし、このように考えると、2件目のヒューマンエラーが起きた場合、1件目も含めて注意喚起をしないといけなくなる。そして3件目、4件目……と続くと、いずれ朝礼が終わるのは夜になってしまうだろう。

このように考えると注意喚起によってヒューマンエラーの対策とすることは大きなムダを生むことになる。フールプルーフに代表される、それを避ける対応を考えることが重要である。

余談だが、筆者の知人に「竹輪耳」というニックネームをつけられた人がいる。朗らかな性格で愛すべきキャラクターではあるが、なぜこのようなニックネームが付けられたかは、説明するまでもないと思う。

3.5 変更管理はリスク対応の重要な要素になる

3.5.1 設計・開発と「変更の管理」

「変更の管理」（箇条8.5.6）は2015年版規格で初めて書かれた要求である。これは、製造又はサービス提供に関する変更に対して、「要求事項への継続的な適合を確実にするために必要な程度まで、レビューし、管理」することを要求しており、さらに、この「変更のレビューの結果、変更を正式に許可した人（又は人々）及びレビューから生じた必要な処置を記載した、文書化した情報を保持」することも要求している。そして、これは2015年の規格改訂で唯一といってよい新たな「文書化した情報の保持（2008年版規格での記録）の要求」である。

ここでぜひ見比べて欲しいのは、「設計・開発の変更」（箇条8.3.6）である。**表3.3**に両箇条の要求事項を対比して示す。

設計・開発にも、2015年版規格における文書化した情報の保持として、新たに「変更の許可」と「悪影響を防止するための処置」が追加されており、両箇条の要求はほぼ同じ内容になっている。

QMS認証における適用範囲のなかに、設計・開発が含まれないことは多くの製造業に見られる。2008年版規格において、設計・開発は適

表3.3 変更の管理（箇条8.5.6）と設計・開発の変更（箇条8.3.6）の比較

変更の管理（箇条8.5.6）	設計・開発の変更（箇条8.3.6）
組織は、製造又はサービス提供に関する変更を、要求事項への継続的な適合を確実にするために必要な程度まで、レビューし、管理しなければならない。	組織は、要求事項への適合に悪影響を及ぼさないことを確実にするために必要な程度まで、製品及びサービスの設計・開発の間又はそれ以降に行われた変更を識別し、レビューし、管理しなければならない。
組織は、変更のレビューの結果、変更を正式に許可した人（又は人々）及びレビューから生じた必要な処置を記載した、文書化した情報を保持しなければならない。	組織は、次の事項に関する文書化した情報を保持しなければならない。 a) 設計・開発の変更 b) レビューの結果 c) 変更の許可 d) 悪影響を防止するための処置

用除外とされていたからである。

　規格改訂後もこの運用を継続する点に変更はないが、本来、設計・開発はどのような業態にでも存在する。「設計・開発を適用するかしないか」は、「製品及びサービスという最終形のアウトプットの設計・開発があるかないか」で判断していたが、そのことが製造工程の「変更の管理」を機能させなかった原因ともいえる。

3.5.2　製造工程と「変更の管理」

　製造工程も一つの設計と考えれば、設計・開発の変更として、「変更の管理」が運用できていたはずである。しかし、変更のレビューや変更の許可なしに、製造工程の変更を行っているとしたら、「変更」リスクへの意識が鈍感すぎるといわざるを得ない。

　「変更」が重要なリスクであることは、**3.2節**で述べたとおりであり、この管理は不具合や事故の未然防止のプロセスとして、大変重要である。

　製造及びサービス提供における「変更」は、4M変更が主体である。

　この4M変更は、一般的に次のような区分に分けられ、各区分への対

応と管理が必要となる。

① 日常的変更管理
　　例：材料ロットの変更、品種変更、段取替え、班交代（人員の交代）など
② 意図的（計画的）変更管理
　　例：工程変更、設計変更、新設備導入、新製品の投入など
③ 緊急的変更管理
　　例：不良品の大量発生、設備故障、火災発生、災害発生など

①と②は能動的な「変更」であり、事前にその情報が得られる内容である。ここで、「変更」に対する十分なレビュー（リスクの特定とその対策の検討）をしっかりと行えば、問題は発生しないはずだが、それは、内部コミュニケーションが十分に機能していることが前提である。これは、変更情報の伝達漏れや間違った情報への誤変換が起こらないように、確実な情報伝達が求められるということである。そのため、ここでのミスはヒューマンエラーに当たり、その防止策は安易な口頭での情報伝達に頼らないことなどになるだろう。

③による「変更」は内乱・外乱という「変化」に起因する「変更」であるので、①や②のように、事前の情報入手は困難である。3.2節で述べたように、こういう「変化」による事態をあらかじめ想定した仕組みづくりが求められる。ISO 9001：2015には、これに役立つ要求事項はないため、ISO 14001：2015における「緊急事態への準備及び対応」（箇条8.2）を活用するのもよい手段である。

3.5.3　4M変更にかかわる「文書化した情報を保持」(記録)の運用

　4M変更にかかわる「文書化した情報を保持」(記録)の運用も課題である。2015年版規格に改訂されたといっても、既存のもの以上に記録は増やしたくないと考えるのがふつうである。

製造現場では、よく「4M変更ボード」（ホワイトボード）を見かける。これは、その日に発生する予定の4M変更の情報を、製造現場の全要員が共有する手段である。大変良い運用であるが、ホワイトボードの情報は、1日も経てば消えてしまう。このようなものが、果たして、「文書化した情報を保持」とみなされるだろうか。

　しかし、この場合、問題は保管期間が1日という短期間であることではない。問題となるのは、ホワイトボードの情報に、「変更のレビューの結果」「変更を正式に許可した人々」及び「レビューから生じた必要な処置」が含まれているかどうかである。

　ホワイトボードのある工程の管理者は現場の状況を見た際に、4M変更の情報が確実にホワイトボードに記入されていたら、それらが管理された状態で実行されていることがわかるので、安心するはずである。

　重要なことは、4M変更情報をホワイトボードから消す責任者とその権限を決めておくことである。つまり、「管理された状態」にホワイトボードがあれば、2015年版規格の「文書化した情報の保持及び廃棄」を満たすことになる。

　ただし、変更の管理についての情報をトレーサビリティ（履歴管理）に使いたいのであれば、保管期間を十分に検討する必要がある。例えば、航空宇宙製品に適用されるQMS規格であるAS 9100では、変更にかかわる文書化した情報の保管期間は、無期限が一般的である。それだけ「変更」という要素はハイリスクであると判断されているし、時間の経過でリスクが不具合となって顕在化する可能性が考慮されているためである。

　しかし、これは別に難しい話ではない。ホワイトボードに記入された4M変更情報を責任者が消す前に、"パチリ"とデジカメで撮影すれば、その情報は何年でも保管・保存が可能となるのだから。

3.6 失敗の原因の多くは設計にある

3.6.1 設計・開発の捉え方

　2015年版規格では設計・開発の要求に大きな変更点はない。「設計・開発の計画」や「設計・開発へのインプット」には、追加された事項があるが、従来の「明確にする」や「含める」が、「考慮する」になっている点を考えると、組織の自由度が増したといえる。

　ただし、ISO 9000：2015（JIS Q 9000：2015）「品質マネジメントシステム—基本及び用語」では、「設計・開発」の定義が、ISO 9000：2005と比べて以下のとおり変更された。

- 2005年版：「要求事項を、製品、プロセス又はシステムの、規定された特性又は仕様書に変換する一連のプロセス」
- 2015年版：「対象に対する要求事項を、その対象に対するより詳細な要求事項に変換する一連のプロセス」

随分とわかりにくい定義になったものだが、QMSの適用範囲において、設計・開発は製品及びサービスに適用されるという解釈に変更がないことは、**3.5節**に既述したとおりである。

　しかし、製造には間違いなく工程設計が存在する。だからこそ、「変更の管理」は「設計・開発」（箇条8.3.6）でも「製品及びサービス提供」（箇条8.5.6）でも、ほぼ同じ内容になるのは必然のことなのである。

　究極的には、事業経営も設計である。経営者はいろいろな選択肢（パラメータ）から、最適なピース（水準）を選んで経営戦略を設計している。経営会議は経営設計に対するレビュー、検証、妥当性確認の要素をもっている。

　ここで一度、設計・開発に対するレビュー、検証、妥当性確認の目的を整理しておこう。言葉で説明するよりも、**図3.4**を見てもらったほうがわかりやすい。

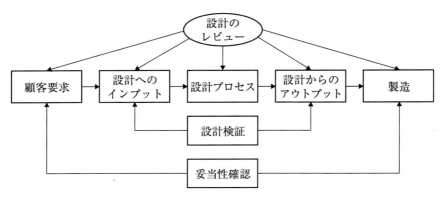

図 3.4　設計・開発のプロセスと設計の管理

3.6.2　設計・開発のレビュー、検証及び妥当性確認の意図

「設計・開発の管理」(箇条 8.3.4)の注記には「設計・開発のレビュー、検証及び妥当性確認は、異なる目的をもつ。これらは、組織の製品及びサービスに応じた適切な形で、個別に又は組み合わせて行うことができる」とある。このことは、大変重要なので、これを念頭に置いて以下を読んでいただきたい。

設計・開発を広義で捉えれば、製造工程はもちろん、事業経営も設計であることは既に述べたとおりである。

もっと身近な例に目を向ければ、マニュアルや作業手順書、帳票類などの「文書化された情報」の作成も設計と考えられる。例えば、文房具大手メーカーが帳票を新規につくって販売すれば、これは明確な製品の設計・開発であり、QMS の適用範囲に含めることが必須となる。

2015 年版規格で要求事項ではなくなったが、品質マニュアルを制定するには、まず、規格要求事項という「ニーズ」のなかから組織に必要のないもの(例えば、設計・開発)を除いたものが「設計・開発へのインプット」に変換される。

これ以外の「ニーズ」がなければ、決定された「インプット」を組織の QMS に適した手順書に変換し、これが品質マニュアルという「アウ

トプット」になる。PC 上で作成した品質マニュアルを出力すればこれが製品である。

　品質マニュアルのニーズは、規格の要求だけでなく、顧客に当たる使用者からの「読みやすいものがほしい」といった曖昧なニーズがある。これをインプットに変換すると、用紙のサイズ、字の大きさなどになる。

　設計・開発の検証は難しくない。設計者が単独で実施しても問題はない。なぜなら、「規格要求事項の漏れがないか」「決定した用紙サイズや文字の大きさに間違いがないか」を確認すればよいからである。

3.6.3　設計・開発の妥当性確認の重要性

　しかし、妥当性確認となると簡単ではない。少なくとも設計者が単独で行うことは避けたほうがよい。例えば、設計・開発のニーズにあるような「読みやすいものがほしい」は大変曖昧なニーズであって、用紙サイズや文字の大きさといった単純なインプットの確認だけでは、ニーズを満たしているかどうかを評価できない。ここに妥当性確認の難しさがある。

　妥当性確認はニーズと製品を対比させることであり、ユーザー側の視点に立った評価が必要である。加えて、ユーザーの要求にはばらつきがあることも想定しておかなければならない。もっと身近な例を挙げれば、日々の活動のなかで発信している、言葉による指示事項も設計と考えてもおかしくはないのである。

　マニュアル、手順書、及び口頭指示は、「わかっている人」がつくって、「わからない人」が使用することが多い。そのため、ユーザーのばらつきを考慮した妥当性確認が確実に行われていることは、良い設計であることの重要な要件である。

　受け手の改善も当然必要ではあるが、出し手の改善はもっと大事である。「プロセスの善し悪しは上流の改善で決まる」という認識が共有されることが重要である。これはヒューマンエラーを防ぐ手段としても非

常に重要である。

近年、製造及びサービスの提供での改善に対しても、「設計・開発が非常に重要である」という認識が高まっている。

不具合品を発生しにくくすることや、生産性を高めるためには、設計・開発の改善が必須である。また、設計・開発プロセスから見れば、製造や施工プロセスは後工程であり、「後工程は顧客」と考えるのがQCの原則である。

プラスチック成形部品において不良の出にくい製品形状や金型を設計したり、建設現場での鉄筋工事の生産性向上のために施工しやすい鉄筋設計に取り組んだりするなど、「後工程を顧客」と認識した運用は多く見られるようになってきた。

3.7 外部提供者の管理の方式と程度は違って当たり前である

3.7.1 実態にそぐわない購買管理

「外部から提供されるプロセス、製品及びサービスの管理」、つまり購買管理には、大きな変更点はない。2008年版規格では「一般要求事項」（箇条4.1）での要求であったアウトソースの管理が、「外部から提供されるプロセス、製品及びサービスの管理」（箇条8.4）に集約した程度である。

ただし、「外部から提供されるプロセス、製品及びサービスの管理」における「管理の方式及び程度」（箇条8.4.2）が独立した要求になっている点には注目したい。

組織のなかには、「管理の方式」の一つである外部提供者の評価について、判で押したように、すべての業種の、すべての外部提供者を、同じタイミングで、しかも机上で再評価している組織がある。この場合、結果はすべて問題なしである。しかし、このような運用は、2015年版規格の目的に沿ってはおらず、有効性に関して大きな問題を抱えている。

3.7.2　リスクに見合った購買管理

　外部提供者からのアウトプットの検証（受入れ検査）は、全数検査から納品書確認まで、アウトプットが組織に与える影響や、外部提供者の管理レベルに応じてさまざまな「管理の方式及び程度」を適用していることと比べると、外部提供者に対する「管理の方式及び程度」は形式的な運用が多い。ここにもリスクの概念を適用して、高リスクから低リスクまで、外部提供者のレベルに見合った評価の仕組みを構築する必要がある。

　外注先を過去のパフォーマンスにもとづいて机上で評価しても、今後のリスクの検出は難しく、現場の監査が必須である。

　この「管理の方式及び程度」という概念は非常に有効なアプローチであり、外部提供者とそのアウトプットの管理にだけ限定適用する必要はない。リスクに応じた「管理の方式及び程度」の決定は、さまざまなプロセス（検査、設備点検、デザインレビュー、内部監査など）で応用できる。

　例えば、設計・開発のデザインレビュー（DR）である。すべてのDRを画一的に運用することは危険かつ無駄であり、設計案件のリスクに応じたDRの方式（書類審査、部門内会議審査、部門間会議審査など）と程度（設計の段階に応じた回数）を計画することが重要になる。

　「管理の方式及び程度」は、リスクへの対応のキーワードと捉えてもらいたい。

3.8　組織の機能の「何を測るか」を認識することが重要である

3.8.1　品質を良くしたければ品質を測るな

　「パフォーマンス評価」（箇条9）の「監視、測定、分析及び評価」（箇条9.1）は、2008年版規格より強化された箇条である。2008年版規格にあっ

た「プロセスの監視及び測定」の箇条はなくなり、ここに統合されている。

　ここではQMSの有効性評価に加え、品質パフォーマンスの評価が求められている（ただし、品質パフォーマンスについては、2008年版規格にも「マネジメントレビューへのインプット」に「プロセスの成果を含む実施状況及び製品の適合性」の要求があった）。

　監視及び測定の対象と時期とその結果について、「いつ」「どのように」分析及び評価するかを、文書化した情報を含め、「分析及び評価」（箇条9.1.3）との関係を重視して「何を測るか」を決めることが重要である。

　図3.5は、日本科学技術連盟が認証組織向けに提供している「品質工学の概要」セミナーで使用しているものである。

　品質工学の世界では、**図3.5**の①〜⑦の個々の品質指標は扱わない。なぜならば、品質を構成する要素には数が多いので、1個ずつの改善に

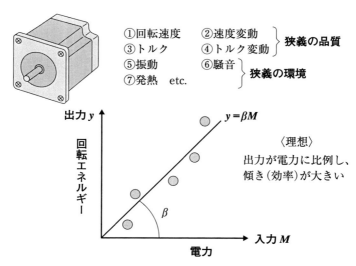

出典）　芝野広志：『滋賀県品質工学研究会セミナーテキスト』、2013年

図3.5　モーターの計測指標

は時間がかかり、また、これらの品質指標には、背反関係(例えば、狭義の品質と狭義の環境との関係)があるものが多く、「もぐら叩き」になりやすいからである。

測るべきなのは $y=\beta M$ の関係であり、これをモーターの基本機能という。品質工学では基本機能を測り、かつ、この基本機能を乱す誤差(外乱・内乱)に強い状態を最適設計とする。これが、品質工学の考え方で、「品質を良くしたければ品質を測るな！」(To get quality, don't measure quality! Measure functionality!)といわれる所以である。

3.8.2 貨物自動車運送事業者の事例

貨物自動車運送事業者の環境マネジメント(以下、EMS)審査で、環境目標に「配送車両の"燃費の改善"」が設定されていたとしよう。

ここで、燃費の計算式は、「燃費(β) = 走行距離(y) ／ 使用燃料(M)」であるが、果たしてこの関係性が貨物自動車運送事業者の機能なのだろうか。

答えは「ノー」である。この関係性は自動車自体の機能であって、物流プロセスの機能ではない。

仮に、顧客への誤出荷や誤配送が増えた場合、当該製品だけを積み込んだ緊急の臨時便を走らせる必要がある。このとき、荷台はがらがらで燃費は向上しているはずである。貨物自動車運送事業者の品質目標でよく目にするテーマは「誤出荷・誤配送の低減」だから、これはつまり、QMSのパフォーマンスが低下するとEMSのパフォーマンスが向上するという矛盾が生じることになる。

実は、貨物自動車運送事業者には元々「貨物3率」という指標が存在する。「貨物3率」とは、「稼働率」×「実車率」×「積載率」であり、この積が貨物自動車運送事業者における機能である。この貨物3率を上げるために、いろいろな改善の取組みが行われており、「誤出荷・誤配送の低減」は「積載率」改善のための一つのパラメータである。

表 3.4 製造業の機能を示す指標(パラメータ)

機能	パラメータ	主管部門
設備稼働率	受注高	営業
設備稼働率	設備故障停止時間	生産技術
設備稼働率	計画性生産	生産管理
生産効率	製品設計品質	設計
生産効率	工程設計品質	生産技術
生産効率	改善活動	製造
良品率	製品設計品質	設計
良品率	工程設計品質	生産技術
良品率	改善活動	製造

3.8.3 製造業における機能の指標

では、製造業での機能を示す指標は何であろうか。

あくまでも私見であるが、「設備稼働率」×「生産効率」×「良品率」になると思う。

これらの指標に影響を及ぼすパラメータと一般的な主管部門は**表 3.4**のようになると思われる。

品質指標の常連である「クレーム件数」が入っていないが、これは「受注高」増減に影響するパラメータと考える。

なお、ここでも上流プロセスの重要性を強調したい。設備稼働率を上げるには受注高が重要であり、生産効率や良品率を上げるには製品設計が製造工程の「変化」(ばらつき)を十分に想定していることが重要である。

3.9 不適合の原因はリスク対応の弱さと考えよう

3.9.1 恒久処置と水平展開だけの対策では不十分

「不適合及び是正処置」(箇条 10.2)には 2008 年版規格との大きな違い

はないが、2015年版規格には以下の3点が追加された。
 ① 類似の不適合の有無、又はそれが発生する可能性を明確にする（箇条10.2.1 b) 3)）。
 ② 必要な場合には、計画の策定段階で決定したリスク及び機会を更新する（箇条10.2.1 e)）。
 ③ 必要な場合には、QMSの変更を行う（箇条10.2.1 f)）。

①は、狭い意味での水平展開である。組織によってはこれを予防処置（他の製品での未然防止）として捉えているところもあり、従来から必然的に運用されていることが多い。②と③は2015年版規格における新たな要求であり、重要なポイントである。

本来、「リスク及び機会」（箇条6.1)を特定し、その運用を「計画」（箇条8.1)したにもかかわらず、不適合が発生したということは、リスクに見落としがあった、または対応が甘かったことになる。したがって、②は「まず、当該製品におけるリスクの見直し（更新）をしなさい」という意味である。

②を行ったとしても、それは不適合を発生した当該製品のリスクを見直しただけであり、リスクの特定の仕組みまでは見直していない。これを行うのが③の「QMSの変更」である。

以下、具体的な事例で説明する。

ある金属加工業者の新規受注製品で内径が寸法不良となった製品が流出した。いろいろな原因があったのだが、そのなかの一つにノギスで内径を測った際、クチバシ（ノギスの内径測定箇所）が真っ直ぐに入らなかったことによる誤判定があったことがわかった。そこで、応急処置として検査員を集め、再度ノギスの正しい使い方を指導した。

次に恒久処置として、検査員のばらつき（変化）があっても検査の誤判定を防ぐため、嵌合治具を製作し、ノギスでの検査を廃止した（**図 3.3** の「立体交差」式対策)。もちろん、嵌合治具の精度保証のための仕組みもつくった。また、他の製品にも同様のリスク（ノギスによる内径検査の

不確かさ）を抱えた製品があったので、これにも同様の嵌合治具を水平展開し、これで本件は完了した。

3.9.2 不適合の原因はリスク対応の弱さにあり

　上記の事例における一連の是正処置の有効性はどうであろうか。

　既に読者は気づいていると思うが、本件の不適合が「新規受注製品」（「初めて」リスク）で起こったことが重要なポイントである。

　「クチバシが真っ直ぐに入らなかった」はあくまでも固有技術的な原因であり、QMS面での原因は、新規受注製品に対するリスクの特定とその対応が行われていなかった（または弱かった）ことにある。よってこの仕組みを構築（または強化）することが、「QMSの変更」に当たる。

　これによって、今後のすべての新規受注製品に対する、すべての不適合の未然防止力が向上することになる。要は、不適合の原因を固有技術だけで捉えず、「新規受注製品」（「初めて」リスク）という共通項として捉えることであり、例えば、新規設計品で発生した不適合の原因は、DRが有効に機能していなかったと考えることである。

　当然ながらリスクは「初めて」だけでなく、「久し振り」や「変更」によっても高まるので、発生した不適合の原因特定において、固有技術的な原因の特定をした後には、ぜひ、「初めて」「久し振り」「変更」に該当していないかを確認してもらいたい。筆者の経験では、不適合の原因の約6割程度には、「初めて」「久し振り」「変更」が当てはまる要素がある。そしてもし、「初めて」「久し振り」「変更」の要素がなければ、何らかの「変化」があったと考え、その対策は事前の想定にあることは既述したとおりである。

　前掲した「FMEAワークシート事例（注射薬業務）」（表3.1）を見てもらいたい。ここに「シーン（状況）」を設定しているが、これは起こり得る「変化」の想定である。

　某物流会社で、ピッキングミスによる誤出荷を発生させてしまったこ

とがあった。筆者は以下の事項が書かれた「是正処置報告書」を見たことがあるのだが、思わず「会社を潰す気か！」と声に出しそうになった。

- 原因：出荷量が増えたために、あせって(急いで)ピッキングしたためミスをした。
- 対策：今後はゆっくりピッキングしてダブルチェックを行い、誤出荷を防止する。

筆者が考える是正処置というのは、「通常より早くピッキングを試行して、ミスを犯しやすい製品やロケーション(保管場所)を特定し、その箇所に誰でもわかるような明確な識別表示を行う」ことである。筆者ならば、「初めて」製品や「変更」を行った場合に、必ずこの対応を行うことをルール化する。この対応は、ピッキングのスピードアップ化の良い機会にもなり得るからである。

以上、さまざまに述べてきたが、不適合発生の原因は、リスクの特定とその対応(未然防止)の弱さにあるということは肝に銘じてもらいたい。

第4章

環境経営に向けた環境マネジメントシステム固有要求事項

4.1 2015年版規格に対応するために改訂の意図を考える

4.1.1 なぜ、環境マネジメントシステムを実施するのか？ 本質論を再認識する

ISO 14001：2015（以下、2015年版規格）への改訂で、2015年版規格の意図を理解するために、特に留意すべき点がいくつかあり、それらを理解することで改訂への対応がわかりやすくなる。

留意すべき重要な点は以下の6項目である。

① 経営者のリーダーシップとコミットメントに対する責任強化（実証の責任）
② 経営戦略レベルでの環境経営（マネジメント）と事業プロセスへの環境マネジメントシステム（以下、EMS）統合
③ 環境保護の考え方の拡大
④ リスク及び機会の考え方の導入
⑤ ライフサイクルの視点の導入
⑥ EMSによる環境パフォーマンスの改善促進

さらに大事なことは、「そもそもなぜISO 14001という規格ができたのか？」について、その背景と目的を知ることである。

2015年版規格への改訂の経緯は表4.1に示すとおりである。

4.1.2 ISO 14001開発の背景と目的

1992年6月にブラジルのリオ・デ・ジャネイロで開催された地球サミット（環境と開発に関する国際連合会議）で、21世紀に向け持続可能な開発を実現するために各国及び関係国際機関が実行すべき行動計画として、採択されたのが「アジェンダ21」で、これがいわゆる「リオ宣言」である。

リオ宣言を実行するための行動綱領は、4つのセクションから構成さ

表 4.1　ISO 14001 の改訂の経緯

年月日	発行などの経緯
1993 年 6 月	ISO/TC 207 の設立
1996 年 9 月	ISO 14001：1996 発行
1996 年10月	JIS Q 14001：1996 公示
2004 年11月	ISO 14001：2004 発行
2004 年12月	JIS Q 14001：2004 公示
2015 年 9 月	ISO 14001：2015 発行
2015 年11月	JIS Q 14001：2015 公示

表 4.2　「セクションⅡ：開発資源の保護と管理」の項目の例

第 9 章　大気保全
第 10 章　陸上資源の計画及び管理への統合的アプローチ
第 11 章　森林減少対策
第 15 章　生物多様性
第 16 章　バイオテクノロジーの環境上適正な管理
第 17 章　海洋、閉鎖性及び準閉鎖性海域を含むすべての海域及び沿岸域の保護、及びこれらの生物資源の保護、合理的利用及び開発
第 19 章　有害及び危険な製品の違法な国際的移動の防止を含む、有害化学物質の環境上適正な管理
第 20 章　有害廃棄物の違法な国際的移動の防止
第 21 章　固形廃棄物及び下水道関連問題の環境上適正な管理

れており、行動計画を実現するための(人的、物的、財政的)資源のあり方についても規定されている。これらは、国境を越えて地球環境問題に取り組む行動計画であり、各国内では、地域まで浸透するよう「ローカルアジェンダ21」が策定・推進されている。その内容として、例えば「セクションⅡ：開発資源の保護と管理」には、表 4.2 に示すような項目が記述されている。

4.1.3　ISO 14001 の開発とその重要性

このような経緯を経て、この計画の実施及び支援手段の一つとして、

ISO/TC 207（国際標準化機構の環境管理担当の専門委員会）が発足したのは、1993年のことである。ISO/TC 207は、ISO 14001「環境マネジメントシステム―要求事項及び利用の手引」などのISO 14000ファミリー規格の開発を担当する組織となった。

ISO/TC 207は、持続可能な開発（sustainable development）への貢献を目標に、環境マネジメントの標準化活動を続けており、1993年の第1回のトロント総会以来、毎年総会が開催されている。また、日本でも1997年に京都で第5回総会が開催されている。

ここでのキーワードは、「持続可能な開発」である。

周知のように、現在の地球環境問題は、資源やエネルギーの利用が自然環境へ有害な影響を与えたことが原因であり、われわれ一般市民の生活が深くかかわっている。法律による規制よりも、EMS活動のような自主的で任意の取組みを行うほうが、大変意義のあることだと考えられている。そのため、一人ひとりのEMS活動が社会的責任を果たすうえで非常に重要な意味をもつ。

このように、ISO 14001が開発された背景や経緯、すなわち原点を改めて再確認するということは、EMS活動を推進している組織の方々にとり、とても重要なことであると考える。

4.2 今さらだが、トップマネジメントのリーダーシップは非常に重要である

4.2.1　トップマネジメントのコミットメントの重要性

2015年版規格の「0.3 成功のための要因」には、「環境マネジメントの成功は、トップマネジメントが主導する組織の全ての階層及び機能からのコミットメントのいかんにかかっている」と記述されている。

2004年版規格でEMSを運用するうえでトップマネジメントの役割は大変重要だったが、2015年版規格でMSSが導入されたため、EMSでは

改めて「5 リーダーシップ」として要求事項が設定された。それにともない、「5.1 リーダーシップとコミットメント」にトップマネジメントが責任をもって実証しなければならない事項が明確に記述されている。EMS活動の成功は、ひとえにトップマネジメントの双肩にかかっている。

4.2.2 トップマネジメントの役割とその内容

では、トップマネジメントは何をしなければならないのか。

トップマネジメントは、EMS に関するリーダーシップとコミットメントを実証することを求められている。すなわち、「自ら関与し、指揮すること」が求められているのである。

他の人に実施を委任してもよいが、「適切に実施できたかどうか」については、自ら説明責任を負うことになる。また、実施した結果については、トップマネジメント自らが自分の言葉で説明する必要がある。

以上の内容については、次の9項目がある。

a) EMS の有効性の説明責任
b) 組織の戦略、状況と両立する方針及び目的の確立
c) 事業プロセスへの統合
d) 経営資源の提供
e) EMS の重要性の伝達
f) 意図した成果の達成
g) 社員の指揮・支援
h) 継続的改善の促進
i) 管理層の支援

4.2.3 どのように実証するか

実証するための方法はいろいろある。

例えば、「マネジメントビューで成果を確認して、アウトプット事項と関連させて、結論づける」といったことで、そのような方法が一般的

表4.3 トップの実証する項目とMRのアウトプット項目などとの関連性

トップの実証する項目	MRのアウトプット項目など
a) EMSの有効性の説明責任	EMSの適切性、妥当性、有効性に関する結論
b) 組織の戦略、状況と両立する方針及び目的の確立	組織の戦略的方向性に関する示唆
c) 事業プロセスへの統合	事業プロセスへのEMS統合を改善する機会
d) 経営資源の提供	資源を含む、EMSの変更の必要性
e) EMSの重要性の伝達	MR以外で(例:年頭のあいさつや社員教育など)
f) 意図した成果の達成	環境目標の未達成に対する処置
g) 社員の指揮・支援	MR以外で(例:目に見えるかたちでの指揮や支援、職制を通じて各管理職から社員に指示など)
h) 継続的改善の促進	継続的改善の機会
i) 管理層の支援	MR以外で(例:経営会議、環境委員会への参加、それらをを通じての支援、支援体制の確立)

な方法かもしれない。

表4.3にトップの実証する項目とマネジメントビュー(以下、MR)のアウトプット項目などとの関連性を示した。

経営者が積極的に関与することは、EMSを成功に導く、絶対的な必要条件なのである。

4.3 経営戦略レベルでの環境マネジメントシステム活動を考える

2015年版規格への改訂での大きな変更点の一つは、EMS活動と事業活動のギャップを埋めて、できるだけ統合化することである。そのためには、経営レベルでの両立と運用レベルでの統合が必要となる。

4.3.1 経営戦略レベルでの取組み

今後は、戦略的な環境経営(マネジメント)の取組みがますます必要と

される。なぜなら、EMSを単一の活動としてではなく、企業や組織の事業活動や戦略的な方向性や意思決定に組み込み、環境上の問題や課題を全体的なマネジメントのなかで処置することが求められているからである（**図4.1、図4.2**）。

環境方針や環境目標が組織の戦略的な方向性及び組織の状況と両立することが重要となるため、以下のような事項が重要となる。

① 環境方針が経営方針に反映されるか、もしくは経営方針の一部として設定されているか。

② 中期経営計画や事業計画に事業上のEMSに関する内部・外部の課題、利害関係者のニーズ及び期待やリスク及び機会への対応が反映されているか。

③ 環境目標が事業目標と関連付けられているか、または一体化されているか。

4.3.2　運用レベルでの取組み

運用レベルでの一体化も必要で、「事業活動のなかでいかにEMS活動を行っているか」が重要となる。

EMSと事業プロセスをどう統合するか検討し、ギャップを埋め、できるだけ一緒にすることが求められる。例えば、設計・開発プロセスから廃棄物処理プロセスまでの事業活動をライフサイクルの視点で考えることが求められるといったことである。

事業活動で成果を上げることで、EMSのパフォーマンス向上に繋げることが重要である。実際の事業活動の各プロセスへの統合をライフサイクルの視点で考えると**表4.4**のような関係が見えてくる。

商品を製造し販売する、またはサービスを提供する一連の企業活動のなかで、全社員が意識して必要なEMS活動を業務の一部として、実施していくことが非常に重要である。

94　第4章　環境経営に向けた環境マネジメントシステム固有要求事項

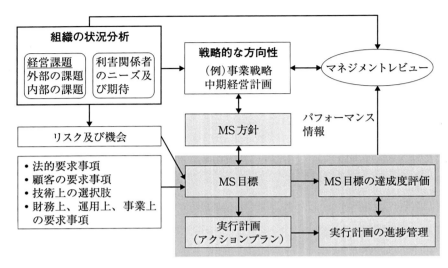

図 4.1　組織の戦略的な方向性とマネジメントシステム（MS）

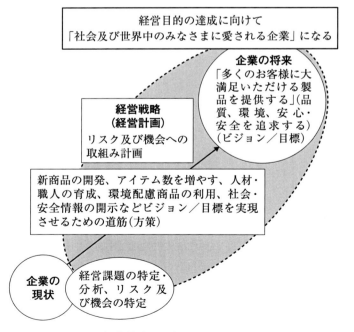

図 4.2　経営戦略や経営計画を確認する場合

表 4.4 ライフサイクルの視点で見た事業プロセス

事業活動	EMS の活動例
設計・開発プロセス	環境配慮設計(原材料の再使用・再利用の促進、部品数の削減、小型化、軽量化、耐用年数の増加、燃費向上など)の推進及びその商品化
原材料の調達(購買)	再使用・再利用資材の調達、調達品輸送の効率化、有害物質混入防止、近距離拠点からの原材料購入、エコ商品の購入、法規制品の排除など
製造・サービスプロセス	生産性向上によるエネルギー使用量削減、不良品低減による原材料・エネルギー使用量の削減、適正な化学物質・廃棄物管理、適切な大気排出・排水管理、有効な設備・機器管理による省エネ促進、省エネ設備や機器への更新や導入、社員の EMS 認識教育の実施、環境専門家の育成、法順守(法にもとづいた管理、監視・測定、報告、届け出などの実施)
配達・流通プロセス	輸送・配送回数の削減、積載率の向上、ルートの見直しなど効率的な輸送の実施、ハイブリッド車の導入
顧客(消費・使用)	燃費向上による燃料使用量の低減、耐用年数向上による廃棄物発生量の低減、性能向上による騒音・振動の低減
廃棄物処理	適正な業者・施設による廃棄物処理の実施、廃棄物の再使用・再利用による廃棄物発生量削減、廃棄物適正処理の監視

4.4 環境保護の考え方を学び、考慮する

　2015 年版規格への改訂では、「5.2　環境方針」のc)項で「環境保護に対するコミットメントを含む」ことが、明示的に示されている。しかし、**4.1.2 項**で説明したように、もともと ISO 14001 開発の目的に、「環境保護」の考え方が入っているため、今更の感がある。

　参考になるのは、社会的責任のガイドライン規格である ISO 26000：2010(JIS Z 26000：2012)「社会的責任に関する手引」である。このなかの「6.5　環境」でいくつかの環境に関する課題が提起されている。

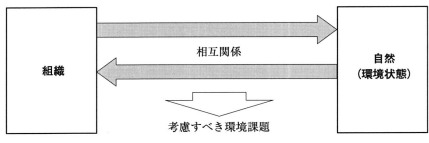

図4.3　組織と自然の相互関係

われわれと自然との間には、**図4.3**に示すように、影響を与え、同時に依存している相互関係がある。

この関係のなかで示すISO 26000における環境に関する課題は、以下に示すように4つある。

■ ISO 26000－CSRに関するガイドライン規格：箇条6.5.3～箇条6.5.6

① 汚染の予防（箇条6.5.3）

　大気への排出、排水、廃棄物管理、有毒及び有害化学物質の使用及び廃棄、その他の特定可能な汚染

② 持続可能な資源の利用（箇条6.5.4）

　エネルギー効率、水の保全、水の利用及び水へのアクセス、材料の使用効率、製品の資源所要量の最小限化

③ 気候変動の緩和及び気候変動への適応（箇条6.5.5）

④ 環境保護、生物多様性、及び自然生息地の回復（箇条6.5.6）

　生物多様性の評価及び保護、生態系サービスの評価・保護及び回復、土地及び天然資源の持続可能な使用、環境にやさしい都市開発及び地方・村落開発の推進

これら考慮すべき環境課題について十分理解してもらい、対応できるテーマがあれば、実際の活動として取り組んでもらえるとありがたい。

4.5 「リスク及び機会」の取組みとして3つのキーワードを取り込むべきである

「リスク及び機会」に対する取り組み方は、2015年版規格の「6.1 リスク及び機会への取組み」として規定されている。

「リスク及び機会」については、定義づけに深くこだわることはない。ちなみに、2015年版規格の「用語及び定義」に「リスク及び機会(risks and opportunities) 潜在的で有害な影響(脅威)及び潜在的で有益な影響(機会)」と説明されている。

一般的に「リスク及び機会」は、「対立的な言葉でなく慣用句的なフレーズだと考えればよい」といわれている。場合によっては、「脅威及び機会」といったりもする。

また、「リスク及び機会」への取組みについては、3つのことを考慮して、取組みの計画を策定することが求められている。それが以下の3項目である。

① リスク及び機会の決定
② 環境側面
③ 順守義務

環境側面と順守義務については、2004年版規格にもあったお馴染みの要求事項であるが、それに「リスク及び機会の決定」が加わったのである。

4.5.1 リスク及び機会の決定

リスク及び機会の決定に関しては、以下の3つを考慮したうえで、その決定をすることが重要である。

① 組織及びその状況
② 利害関係者のニーズ及び期待
③ 環境マネジメントシステムの適用範囲

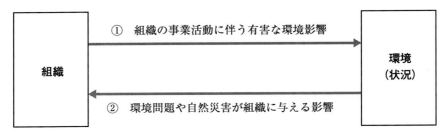

① 組織の事業活動に伴う有害な環境影響
- 内部の課題：施設の老朽化・管理レベル、法令順守、設備管理者の力量不足、公害汚染防止技術の選択など
- 外部の課題：環境状況（大気汚染、水質汚濁）、法規制、行政指導、顧客要求事項、消費者からの評価

② 環境問題や自然災害が組織に与える影響
- 内部の課題：生産停止、業績低下、雇用継続の困難性、サプライヤーのバックアップ、サプライチェーンの混乱回避体制、代替資材の選択・技術
- 外部の課題：環境状況・自然災害など（台風、洪水、竜巻、地震、レアメタルの枯渇など）、サプライチェーンの混乱・途絶・寸断、資源・エネルギーの高騰、国際政治の影響（資源の輸入停止）

図 4.4　EMS 特有の経営課題（組織と環境状態の関係の課題）

　EMS 特有の経営課題については、組織と環境状態の関係の課題として図4.4にまとめた。リスク及び機会の特定については、リスクアセスメントを実施する必要はない。もちろん、実施してその結果を利用しても一向に構わない。単純な定性的プロセスや正式な定量的評価方法などを採用して、リスク及び機会の取組みの決定をすることが可能である。

　どのようにリスク及び機会を特定し、取組みを決定するかについては、組織に任されているからである。ここでは、正式なリスクマネジメントの実施を求められているわけではない。組織にとって、一番良い方法で実施してよいのである。

4.5.2　環境側面

(1)　環境側面と環境影響の決定

　環境側面は、ISO 14001 固有の要求事項であり、2015 年版規格の内容

は、2004年版規格の内容とほとんど変わっていない。

しかし、新しく「ライフサイクルの視点を考慮して」環境側面やそれに伴う環境影響を決定することが追加されている。また、「著しい環境側面を決定するために用いた基準について文書化した情報を維持する」ことを要求している。

したがって、環境側面について要求事項として注意すべきことは、以下の2点となる。

① ライフサイクルの視点を考慮して、環境側面やそれに伴う環境影響を決定する。
② 著しい環境側面を決定するために用いた基準について、「文書化した情報」として維持する。

ライフサイクルの視点については、**4.6.1項**で説明しているので、参照してほしい。

環境側面に関するまとめを**図4.5**に、また、ライフサイクルの視点からの環境側面の調査を**図4.6**に示しているので、参考にしてほしい。

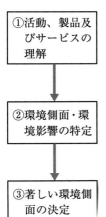

- 適用範囲内の活動、製品及びサービスを理解する。
- ライフサイクルの視点でサプライチェーン／バリューチェーンの実態を把握する。
- <u>ライフサイクルの視点を考慮して</u>、組織が直接管理できる環境側面・環境影響、影響を及ぼすことができる環境側面・環境影響を特定する(要求事項)。
  ―影響を及ぼすことができる環境側面の影響力を評価する。
  　(その範囲をどこまで広げることができるか？)
- 著しい環境側面を決定するために環境影響を理解する。
  ―(有害)大気汚染、天然資源の枯渇など。
  ―(有益)水質又は土壌の質の改善など。
- <u>著しい環境側面を決定するための基準を確立する</u>(要求事項)。
  ―これまでの著しい環境側面の決定方法を活用してよい。
  ―スコアリング方式、アルゴリズム方式、会議での決定方式など。
  ―担当者の定性的な評価でもよい。

図4.5　環境側面

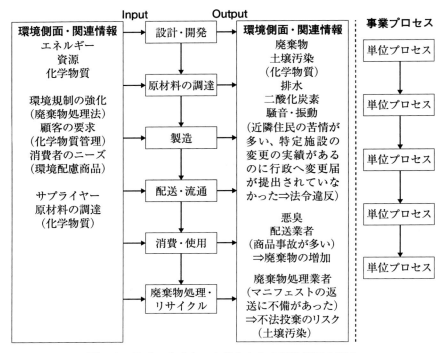

図4.6　ライフサイクルの視点からの環境側面の調査

(2) 環境側面とリスク

環境側面については、2015年版規格の箇条6.1.2の注記に「著しい環境側面は、有害な環境影響(脅威)又は有益な環境影響(機会)に関連するリスク及び機会をもたらし得る」と説明されている。したがって、環境側面を「リスク及び機会」と捉えることが可能である。その考え方を**表4.5**に示す。

4.5.3　順守義務について

(1) 順守義務

順守義務についても、従来からある考え方が踏襲されており、2004年版規格の内容とほとんど変わっていない。そのため、順守義務で組織

4.5 「リスク及び機会」の取組みとして3つのキーワードを取り込むべきである

表4.5 著しい環境側面とリスクの関連づけ

著しい環境側面	環境影響（環境リスク）	リスク	機会
二酸化炭素の排出	地球温暖化	○	
化学物質の漏えい	土壌汚染	○	
電力の使用	天然資源の枯渇	○	
	地球温暖化	○	
廃棄物の排出（処分）	土壌汚染	○	
	大気汚染	○	
	水質汚濁	○	
粒子状物質（ダスト）の大気中への排出	大気汚染	○	
機械装置の燃料消費の効率化	エネルギー消費抑制		○
不良品の削減	廃棄物の発生抑制		○
	エネルギー消費抑制		○
業務効率の向上	エネルギー消費抑制		○

が実施すべきことは、以下のとおりである。

■順守義務の実施事項
- 組織の環境側面に関係した順守義務の特定と参照に関する要求事項は、ISO 14001：2004 から変更されていない。
- 順守業務を組織にどのように適用するか決定する。
- 順守業務に関する文書化した情報を維持する。
- 順守業務は、組織に対する有害な影響（脅威）又は有益な影響（機会）に関連するリスクをもたらす可能性がある。
    —順守業務の不履行（逸脱／不適合）は、事業リスクとして捉えることができる。また、順守義務の不履行（逸脱）は、環境リスクにもつながる。

■順守義務に関連する事業リスク（例）
- 利害関係者の信用・信頼を失う。

- 売上減少、業績が低下する。
- 事業活動・営業の権利が停止／喪失する
- 行政からの指導／罰則を受ける。
- 賠償責任が発生する。
- 顧客から重大なクレームを受ける。
- 顧客との取引が継続できない。
- 深刻な環境汚染を引き起こす。
- 組織内外へ環境被害が広がる。
- 法令違反事項への対応・処置コストが発生する。

(2) 順守義務とリスク

環境側面と同じく2015年版規格の箇条6.1.3の注記で「順守義務は、組織に対するリスク及び機会をもたらし得る」と説明されているので、順守義務を「リスク及び機会」と捉えることが可能である。

順守義務とリスク及び機会を関連づけると、**表4.6**のようになる。

4.5.4 取組みの計画策定

最後に求められていることが、今まで説明してきた①リスク及び機会の決定、②環境側面、③順守義務の3つの課題を考慮して計画を立てることである。

その計画のやり方については、組織に任されている。環境目標に設定して、目標を達成することでリスクを低減しても構わない。

人的資源管理システムのなかで、環境専門家を育成し、法順守のリスク及び機会に積極的に対応することも可能である。運用計画のなかで、設備投資をし、省エネルギー装置への更新をすることもできる。

取り組む計画としては、次のような事例が考えられる。

① 環境目標として取り組み、環境目標の達成計画として実施する。
② 運用の計画（設備計画）及び管理として実施する。

4.5 「リスク及び機会」の取組みとして3つのキーワードを取り込むべきである

表 4.6 順守義務とリスクの関連付け(例)

著しい環境側面	環境影響 (環境リスク)	事業リスク 及び機会	リスク	機会
二酸化炭素の排出 設備・工程改善による エネルギー消費抑制	地球温暖化 エネルギー消費抑制	(顧客要求事項) 顧客の評価が高くなる (受注量増加)	○	○
化学物質の漏えい	土壌汚染	(法令違反) 顧客との取引が停止する (信用を失う) 環境汚染浄化コストが 発生する	○ ○ ○	
廃棄物の排出 (処分)	土壌汚染 大気汚染 水質汚濁 (法令違反・不適正処理) 深刻な土壌汚染 (法令違反) 社会的信用を失う、企業イメージを損う	(法令違反) 行政から罰則を受ける	○ ○ ○ ○ ○	

- 環境側面の特定段階で外部・内部の課題の情報を考慮する。
- 著しい環境側面の決定基準は、外部・内部の課題及び順守義務の情報・適合評価結果などを活用する。

③ 緊急事態への準備及び対応として実施する。
④ 監視、測定、分析及び評価の一環として実施する。
⑤ 人材の採用計画や人的資源管理システムとして実施する。
⑥ 財務管理・財務計画として実施する。
⑦ 内部統制システムに組み込み実施する。
⑧ 日常管理として実施する。
⑨ 他のマネジメントシステムで対応する(品質、労働安全衛生など)

最後に今まで説明してきた、リスク及び機会の決定、環境側面、順守義務と取組みの計画の関係を図 4.7 に示す。

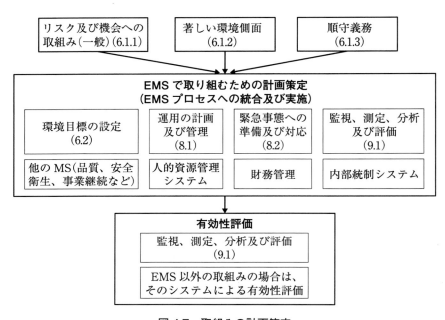

図 4.7　取組みの計画策定

4.6 ライフサイクルの視点で活動することの重要性を理解する

4.6.1　ライフサイクルの視点とは？

　4.1 節で説明したが、2015 年版規格への改訂で留意すべき点の一つが「ライフサイクルの視点」の導入である。

　事業活動で考えるとライフサイクルの視点とは、「原材料の調達をしてから、それらを使い終わって最終の廃棄物処理に至るまでの全課程を通じ、組織が自分たちの事業活動内だけでなく、及ぼし得る影響をより広範囲に考慮して、事業活動に反映すること」となる。

　2015 年版規格の「0.2　環境マネジメントシステムの狙い」には、「環境影響が意図せずにライフサイクル内の他の部分に移行するのを防ぐことができるライフサイクルの視点を用いることによって、組織の製品及

びサービスの設計、製造、流通、消費及び廃棄の方法を管理すること」の重要性が説明されている。

　また、EMSでは、環境側面を決定するに当たり、「ライフサイクルの視点」を考慮することが必要である。そして、運用・管理においても「ライフサイクルの視点」を用いて、組織の上工程から下工程までの協力会社の選定や、協力会社に対する要求事項や情報の伝達を実施することが必要である。同時に、製品やサービスの設計開発における環境上の要求事項を考慮することも必要になる。

4.6.2　具体的に何をするか？

　ライフサイクルの視点にもとづいた具体策は、いろいろと考えられるが、以下のようなことが該当する。

① リサイクルの原材料やリユースの資材の採用と購入をする。

② サプライヤーに対して、購買仕様書や契約書で必要な環境要求事項を規定する（法順守のために、法規制対象品でないことの証明、有害物質の不含有証明書の義務づけ、SDSの提出などを行う）。

③ 自社の設計・開発プロセスで、環境関連課題を考慮して製品設計を行う（省エネ、小型化、軽量化、耐用年数向上など）。

④ ユーザーに対して、環境上や法律上の適切な使用方法の情報を提供する。

⑤ 廃棄物処理の委託業者に有害物質の含有状況や成分、適切な処理方法を情報として伝達する。

⑥ リサイクルやリユースの仕組みを構築する。

　また、ライフサイクルの視点と事業活動との関係を図4.8に示したので、参考にしてほしい。

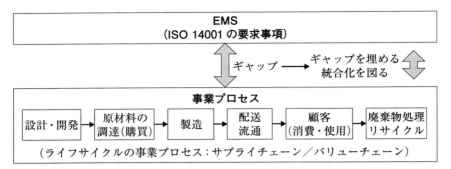

図 4.8　事業プロセスへ EMS 要求事項の統合化

4.7　順守義務の再認識と順守評価の強化を考える

　法順守は、企業や組織の活動において重要な考え方であり、昨今の大企業や有名企業の不祥事などを通じて、その重要性がますます問われるようになっている。

4.7.1　順守義務の再認識

　順守義務は、2004 年版規格にあった「法的要求事項及び組織が同意するその他の要求事項」という表現を意味は変えずに簡潔に表現する用語として採用されている。そこでは、企業や組織に属するすべての人達が「順守義務や EMS の要求事項に適合しないことの意味」を再認識することが厳しく求められている。また、次に示すように、2004 年版規格と比べて、はるかに多くの箇条で順守義務を果たすことが要求事項のなかで規定されている。

　附属書 A(参考)の「A.5.2　環境方針」には「〈中略〉利害関係者には、順守義務、なかでも適用される法的要求事項を満たすことに対する組織のコミットメントに、特に関心を持つ者もいる」と記述されている。利害関係者は、常に企業や組織の順守義務について関心をもっているのである。

表4.7 順守義務が明記されている箇条(「6.1.3　順守業務」「9.1.2　順守評価」を除く)

4.2　利害関係者のニーズと期待	組織の順守義務となるもの
4.3　EMSの適用範囲の決定	規定する順守義務
5.2　環境方針	順守義務を満たすこと
6.1.1　リスク及び機会への取り組み・一般	取り組む必要がある順守義務
6.1.4　取組みの計画策定	順守義務
6.2.1　環境目標	関連する順守義務を考慮に入れ
7.2　力量	順守義務を満たす組織の能力に影響を与える〜
7.3　認識	順守義務を満たさないことを含む、〜
7.4.1　コミュニケーション・一般	順守義務を考慮に入れる
7.4.3　外部コミュニけーション	順守義務による要求に従って
7.5.1　文書化した情報	順守義務を満たしていることを実証する必要性
9.3　マネジメントレビュー	順守義務を含む、利害関係者のニーズ及び期待他

　順守義務に関する要求事項の内容は、実質的に変わっていないため、次のことが重要となる。
　① 順守義務を決定する。
　② それらの順守義務に従って、運用が行われていることを確実にする。
　③ 順守義務を満たしていることを評価する。
　④ 不適合を修正する。
　2015年版規格で順守義務は強化されており、順守義務や順守評価を除く、表4.7に示す他の箇条12箇所でも、順守義務が規定されている。

4.7.2　順守評価の強化

　順守評価については、2004年版規格では「手順」が要求されていたが、2015年版規格では「プロセス」の要求に変わっている。2015年版

規格では、単に手順化して実施すればよいのではなく、重要課題である「順守義務」を満たすための有効な仕組みづくりとその結果が求められている。

実施すべきことは、次のとおりである。
- ① 順守を評価する頻度を決定する。
- ② 順守を評価し、必要な場合は、処置をとる。
- ③ 順守状況に関する知識及び理解を維持する。

①については、「定期的な評価の実施」から「評価頻度は組織が決める」に変更になっている。また、③は新しくて重要な要求事項であり、有効性ある「順守評価プロセス」の維持と「順守評価者の力量」を確実にすることが求められている。

順守評価のプロセスの概念図を図4.9に示す。

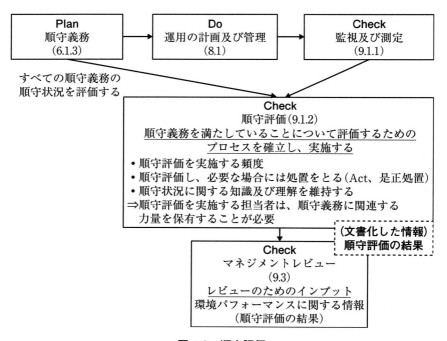

図4.9　順守評価

4.8 「外注委託したプロセスの管理」を「ライフサイクルの視点」から行う

　「外注委託したプロセスの管理」は、新しい要求事項と考えてよいと思われる。ここでは、「ライフサイクルの視点」に立って4つの要求事項を実施することが求められている。

　4.6.1項でも説明したが、「ライフサイクルの視点」とは、「環境影響が意図せずにライフサイクル内の他の部分に移行するのを防ぐ」という思考を取り入れることである。このライフサイクルの視点に従って、外部委託したプロセスを管理することが求められているバリューチェーンの管理ともいえる。

　「ライフサイクルの視点」に立つためには、次のようなことを実施する必要がある。

① ライフサイクルの各段階を考慮して、製品及びサービスの設計及び開発プロセスにおいて環境上の要求事項が取り組まれていることを確実にするために管理を確立する（必要に応じて）。

② 製品及びサービスの調達に関する要求事項を決定する（有害物質を含まないことを要求した場合は、不含有証明書の添付などをする）。

③ 外部提供者（請負者）に対して、関連する環境上の要求事項を伝達する。

④ 製品またはサービスの輸送、配送、使用及び使用後の処理、最終処分における潜在的な著しい環境影響に関する情報を提供する必要性について検討する。

　上記を実施する際に重要なポイントとなるのは、以下の2点である。

❶ 上記の④については物流業者、販売業者、廃棄物処理業者などへの法律や道義的責任にもとづいた適切な情報提供が求められている。

❷ 特に外注委託したプロセスに適用する管理の方式や程度は、委託先の規模や、委託先との関係（資本関係、人的交流、技術供与）、環境に関する影響度、委託先の力量、委託先の立地条件、委託内容などの要因を考慮して最適な方法を採用することが重要である。

4.9 緊急事態に対しては、今まで以上に準備と対応を確実に行う

　環境に影響を与える可能性のある緊急事態については、2004年版規格で使われていた「特定」が、2015年版規格では「決定」という用語に変わっている。

　ここで、重要なポイントは、以下の3点である。

① 環境に影響を与える可能性のある緊急事態の決定に関しては、「6. リスク及び機会への取組み」の「6.1.1　一般」にて緊急事態を決定することを要求している。そして「8.2　緊急事態への準備と対応」で緊急事態の予防と緩和を要求している。

② 環境に影響を与える可能性のある緊急事態について、2004年版規格では順守評価と同じく、「手順」が要求されていた。しかし、2015年版規格では「プロセス」の要求に変わっている。ここでは、単に手順化して実施すればよいのではなく、重要課題である「緊急事態」に対応するための有効な仕組みづくりとその結果が求められている。潜在的な「緊急事態」の予防と緩和を有効に行うための準備と対応を確実に実施することが重要である。

③ 特に留意すべき点は、2015年版規格の箇条8.2 f)にある「緊急事態の準備及び対応についての関連する情報及び教育訓練を、組織の管理下で働く人を含む関連する利害関係者に提供する」という内容である。環境に影響を与える可能性のある重大な緊急事態

が想定される場合は、単に組織内だけでなく、必要ならば近隣住民や行政機関に対して、緊急事態に関する情報の提供、近隣住民への教育実施及び共同訓練の実施などが求められている。

4.10 未来の子供たちのために、環境パフォーマンスの継続的改善の大切さを理解する

　2015年版規格での大きな改訂点の一つは、2004年版規格の考え方である「EMSの継続的改善」から「環境パフォーマンスの継続的改善」に重点を変えたことである。2015年版規格では、「1　適用範囲」でEMSの意図した成果として次の3つの項目を挙げている。

① 　環境パフォーマンスの重視
② 　順守義務を満たすこと
③ 　環境目標の達成

　環境パフォーマンスは、2015年版規格の「3　用語及び定義」で「環境側面のマネジメントに関するパフォーマンス」と定義されている。したがって、環境マネジメントシステム（環境側面のマネジメントに関する）の有効性、すなわち「計画を立案し、実行し、どの程度の成果を出せたか」について評価して、継続的改善を推進することが求められている。

　2015年版規格の「0.1　背景」に説明されているように、厳格化が進む法律、汚染による環境への負荷増大、資源の非効率な使用、不適切な廃棄物管理、気候変動、生態系の劣化及び生物多様性の喪失などの問題に対応し、持続可能な開発を目指しながら、透明性と社会的責任を維持して、この環境マネジメントシステムを運用していくことが重要である。何よりも、未来の子供たちのために。

第5章

経営に活かすための構築術・運用術

5.1 「夏祭り」に品質マネジメントシステム（環境マネジメントシステム含む）を適用してみよう

　ISO 9001：2015 及び ISO 14001：2015（以下、2015 年版規格）では「マネジメントシステム（以下、MS）と事業プロセスの統合」が要求事項となっている。このような要求が出てくること自体、2015 年版規格以前の MS がいかに形式的で、規格主導型の運用になっていたかの証になっていると思われる。

　MS、特に品質マネジメントシステム（以下、QMS）は製品及びサービスを提供する組織には必ず存在する。もちろん、ISO 9001 認証を受けていようがいまいが関係はない。

　表 5.1 は「夏祭り」を提供する組織に QMS（環境マネジメントシステム（以下、EMS）を含む）を適用した事例であるが、どのような小さな町の夏祭りであっても、祭りの実施手順（プロセス）は大体こんなものであろう。問題はそのプロセスの中身（マネジメントの質）である。

　例えば「反省会」（マネジメントレビュー）は絶対に欠かせない。しかし、実行委員長直々に「今日はお疲れさまでした。多少事故や近隣の方からの苦情はあったようですが、嫌なことは忘れて思いっ切り飲んでくださ〜い！」などと始めてしまうと、「反省会」（マネジメントレビュー）ではなく、単なる慰労会になってしまう。

　「実行委員長の下、発生した問題点や課題に対する次回開催のための改善策を検討する」機会を設けることが、あるべき「反省会」（マネジメントレビュー）の姿である。だから、乾杯（慰労会）はぜひ反省会の後でやってほしい。

　表 5.1 では、EMS はあまり意識していない。その理由は、事業プロセスの根幹が QMS（製品及びサービスの提供）だからである。これは EMS を軽視しているわけではないが、事業プロセスを EMS から構築する人はいない。EMS は QMS の運用の過程で発生する環境側面の管

5.1 「夏祭り」に品質マネジメントシステム（環境マネジメントシステム含む）を適用してみよう

表5.1 夏祭りのマネジメントシステム

祭りの実施手順 （プロセス）	具体的内容 （下線部：環境側面）	MSS 又は ISO 9001 要求事項 （下線部：ISO 14001 要求事項）
スローガン設定	楽しい祭りを提供し、大勢の人に参加をしてもらおう！<u>参加されない方への配慮も忘れずに！（騒音、ゴミの散乱などのないように）</u>	5.2：方針
実行委員会を立ち上げ	委員長以下、各委員の役割分担を決める。	5.3：組織の役割、責任及び権限／7.1.2：人々
実行委員会開催	昨年の情報（反省会の記録など）を活用して、懸念事項（環境影響を含む）や改善の機会を検討する。	6.1：リスク及び機会への取組み<u>（環境側面、遵守義務含む）</u>／7.4：コミュニケーション／7.1.6：組織の知識
目標を設定	前年度参加人数の1.5倍	6.2：目標及びそれを達成するための計画策定
企画書策定	各委員（参加者代表）の意見（要望）にもとづいて企画書を作成する。	8.2：製品及びサービスに関する要求事項／8.3：製品及びサービスの設計・開発（変更管理を含む）
実行計画策定	実行計画書を作成する。	8.1：運用の計画及び管理
資材手配	屋台、食材、アルバイトなどの手配を行う。	7.1.2：人々／8.4：外部から提供されるプロセス、製品及びサービスの管理
祭りの準備	会場の設営・点検	7.1.4：プロセスの運用に関する環境
	屋台などの機材設営・点検（電気、ガス、水道の供給状態確認含む）	7.1.3：インフラストラクチャ／7.1.5：監視及び測定のための資源
	新人実行委員、アルバイト要員の教育	7.2：力量／7.3：認識
リハーサル	緊急事態（事故、苦情など）も想定した、実行計画書に沿った予行演習の実施	8.1：運用の計画及び管理／<u>8.2：緊急事態への準備及び対応</u>
祭りの実施	祭りを実行する。細部の実施要領については手順書をつくる。実行計画の内容を変更する際は、事前承認をとる。	8.5：製造及びサービス提供（ヒューマンエラー対策、変更の管理強化）

表 5.1　つづき

祭りの実施手順 （プロセス）	具体的内容 （下線部：環境側面）	MSS 又は ISO 9001 要求事項 （下線部：ISO 14001 要求事項）
祭り中の監視・測定	重要なチェックポイントと異常基準を設定して、祭りの実施に問題が発生していないか監視する（屋台前に20人以上の行列ができていないかなど）。	8.6：製品及びサービスのリリース／4.4 c）：QMS及びそのプロセス／9.2：内部監査／<u>9.1.2：順守評価</u>
問題発生時の対応	問題が発生した場合は必ずその内容ととった処置のメモをとっておく。	8.7：不適合なアウトプットの管理
アンケートの回収	入場時にアンケート用紙を配っておき、終了時に回収する。	9.1.2：顧客満足
後片づけ	後片づけを実行する。細部の実施要領については手順書をつくる。	8.5：製造及びサービス提供（ヒューマンエラー対策、変更の管理強化）
反省会	得られたデータ（参加者数、アンケート結果）の収集分析を行っておく。	9.1.3：分析及び評価
	実行委員長の下、発生した問題点や課題に対する次回開催のための改善策を検討する。得られた情報は次回開催時に活用できるように管理する。	9.3：マネジメントレビュー／10.2：不適合及び是正処置／7.1.6：組織の知識

理に用いるものだからである。

　EMSにおける「有益な側面」をLED照明や太陽光発電などの狭い領域で捉える必要はない。品質改善や生産性改善こそが、最重要な「有益な側面」である。営業部門の拡販活動も、エネルギー原単位量の改善には欠かせない要素である。

　「有害な側面」と「有益な側面」のどちらに重点を置けばよいのだろうか。実際のEMSの運用を見ると「有害な側面」の改善が圧倒的に多

いが、このことに筆者は強い違和感がある。

SWOT分析は、強み（Strengths）と機会（Opportunities）の組合せに「積極戦略」を採用し、弱み（Weaknesses）と脅威（Threats）の組合せに「縮小傾向」を採用する手法である。ここで、強みと機会が「有益な側面」であり、弱みと脅威が「有害な側面」になると考えれば、積極戦略をとるのは「有益な側面」に重点を置いていることになる。この要素こそが品質改善・生産性改善や受注拡大となる。だから、筆者は「組織のMSの主体はQMSだ」と考えている。

5.2 規格要求対応型から組織の事業プロセス優先型へ移行しよう

本節では製造業における具体的な事例を用いて、QMSと事業プロセスの統合について述べる。

表5.2は、小規模なプラスチックメーカーA社で実際に用いている「設計計画書」の一部である。もちろん、A社はISO 9001：2015を認証取得しているのだが、注目してほしいのは、「設計・開発のレビュー」「設計・開発の検証」「設計・開発の妥当性確認」といったISO 9000：2015で定義された用語を一切使用していない点である。なぜなら、そのような用語は元々組織では使っていなかったためである。

表5.2で使われている「モック検討会」「検図（製品図面）」「検図（金型）」「金型検査」「試打品検討会」「量産試作品検討会」という用語はA社のなかで古くから使われている。

こういった組織固有の用語と、設計管理におけるISO 9000用語との関係を整理すると、**表5.3**のようになる。もちろん、参加者やその実施の目的によって、設計管理の要素とのかかわりは変わってくるが、おおよそは**表5.3**のような関係で間違いない。

つまり、元々組織のプロセスのなかには、このような設計管理の仕組

表 5.2　設計計画書の運用事例（プラスチック成形加工）

計画 （該当箇所を■で示す）	担当部門	予定日	備考
□ モック作製	設計	／／	
□ モック検討会	□社長、□営業、□設計、□金型 □製造、□品質保証	／／	
□ 製品図面作成	設計	／／	
□ 検図（製品図面）	□社長、□営業、□設計、□金型 □製造、□品質保証	／／	
□ 金型図面作成	金型	／／	
□ 検図（金型）	□社長、□営業、□設計、□金型 □製造、□品質保証	／／	
□ 金型製作	金型	／／	
□ 金型検査	品質保証	／／	
□ 試打	製造	／／	
□ 試打品検討会	□社長、□営業、□設計、□金型 □製造、□品質保証	／／	
□ 量産試作	製造	／／	
□ 量産試作品検討会	□社長、□営業、□設計、□金型 □製造、□品質保証	／／	
□ 量産第1ロット製造	製造	／／	

表 5.3　組織固有の用語と設計管理における ISO 9000 用語の関係

組織固有の用語	レビュー	検証	妥当性確認
モック検討会	○		
検図		○	
金型検査		○	
試打品検討会	○		○
量産試作品検討会	○		○

みがあるわけであり、ISO 9001 の認証を取得するからといって、改めてわざわざ難しく、かつこれまで使われてこなかった用語を用いて仕組

みをつくり直す必要はまったくない。

　しかし、「検討会」といっていながら、これらの運用を実は設計担当者一人が行っていたり、各段階での検討会の記録をとってなかったりする場合もある。そうなると当然マネジメントが弱いといえるので、良い製品や売れる製品につながらない設計・開発になるリスクにつながる。

　現状のプロセスにこのような問題点がある場合でも、問題のある部分だけ強化すればよく、例えば、組織のなかで長きにわたって培われてきたプロセスを無視して、規格に沿ったプロセスを再構築するなど、愚の骨頂である。

　以上を踏まえて2015年版規格は、組織の事業プロセスの弱さを抽出するために用いる、チェックの基準と考えるべきである。

5.3 実際にあった「3H」と「変化」リスクに対する対応不備例を理解する

　3.2節で「リスク及び機会は「3H」と「変化」がキーとなる」旨を述べたが、ここではその身近な事例を紹介したい。

5.3.1 「初めて」リスクの例

　まずは「初めて」リスクについての事例を紹介する。これは筆者がセミナーでよく使っているネタなのだが、フィクションが一部入っていることをお断りしておく。

　筆者は娘から孫(当時2歳)を預かって公園で遊ばせていた。孫が「初めて」滑り台に挑戦したのを見守っていたのである。しかし、孫は元気すぎるせいか、頭から滑って顔を擦りむいてしまった。娘から「お父さん何やってんの！」と怒られて反省しながら、「滑り台から予想外に滑って転倒しないようにするにはどうすべきかな……」と考えてみた。

　滑り台で起きたこの事故の応急処置は孫に「足から滑りなさい」と注

意することである。さらに恒久処置も考えられる。つまり、「足からしか滑れないように滑り台を改造する」ことであり、これは市に要求する事案なのだが、「冷静に考えてみれば無茶な要求だし、不可能だよなぁ」と考え、筆者は諦めた。この事例では、恒久処置こそ行えなかったが、子供は経験で成長するものだから、応急処置だけ行うと、滑り台での事故は二度と起きなかった。

　そして、また別の日のこと。筆者が再び娘から孫を預かって公園で遊ばせていたら、今度は孫が「初めて」ブランコに挑戦した。すると、孫が手を放して落ち、頭を打ってしまったのである。それでまた娘から「お父さん"また"何やってんの！」と怒られてしまった（今度は"また"が付いてしまった）。

　ブランコで起きたこの事故の応急処置は「手を離しちゃだめ」と注意することである。さらに恒久処置も考えられる。つまり、「手を離せないようにブランコを改造する」ことである。しかし、滑り台と同様の理由で筆者は「不可能だよなぁ」と諦めてしまった……。

　さて、筆者の娘は、2件目の事故に対して、「また」と表現した。彼女にはISO 9001の知識などまったくないのだが、「2件目の事故は1件目の事故が再発したもの」と考えているのである。これは母親としては当然の思いであろう。

　しかし、筆者の娘とは違い、一般の組織のなかでは「ブランコの事故」を「滑り台の事故」の再発として扱わないことが多いのである。例えば、ある組織では、再発問題の削減を目標に掲げて改善に取り組んでいたにもかかわらず、そこで定義されていた「再発」とは「同じ製品で発生した同じ不適合のこと」であった。

　「再発」をこのような狭い領域で捉えている以上、現象は違えど次から次に不適合が発生するであろう。

　筆者の孫の事故は、明らかにその保護者（筆者）の、「初めて」に対するリスク管理の弱さにあることは、もうお気づきだと思う。そして、こ

こで必要となる再発防止策は滑り台やブランコへの恒久対策などではなく、「初めて」リスクの管理強化なのである。

5.3.2 「久し振り」リスクの例

「久し振り」リスクについては「非通常時の業務で労災事故が発生しやすい」という事例がよく見られる。

2014年1月9日に、三菱マテリアル㈱四日市工場で発生した爆発事故を受けて、消防庁から出された業界団体への注意喚起資料(2014年6月26日付の報道資料)では、「非定常作業時等に予期せぬ危険な反応等により災害の発生のおそれがある場合の留意事項」という内容が見られた。非定常作業とは「長らく扱っていなかった製品の製造や、設備部品の更新、設備の定期点検など」が該当し、いずれも「久し振り」作業となるため、定常作業時より明らかにリスクが高まっている。

この対応は過去に行った「初めて」作業時の情報を確実に残して、「組織の知識」としておくことが重要である。

「初めて」作業時の情報が残っていないとしたら、非定常作業は「初めて」作業として扱うしかない。

5.3.3 「変更」「変化」リスクの例

続いて「変更」リスクと「変化」によるリスクが重大事故につながった実際の例を紹介する。

筆者の自宅に近い、滋賀県東近江市の「東近江大凧まつり」で2015年5月に重さ700キロの100畳敷き大凧が落下し、1人が死亡、3人が重軽傷を負うという事故が発生した。

当時の新聞によると、「実行委員が当日の5月31日に開いた記者会見では、凧揚げ中止の判断基準として「強風注意報の発令」「平均風速10メートル以上」の2点を挙げ、「当時は8〜9メートルだった」と説明していたが、保存会幹部らによると、現場では風速係が風速計で計測して

いたものの、保存会は会場に立てた旗のはためき具合を目視し、「10メートル以上ない」と判断し、ゴーサインを出していた」とのことである。また、新聞には「長年の経験や勘に依存し、観客の規制区域をめぐる安全上の「鉄則」を守っていなかったことも判明した」とも書いている。

「東近江大凧まつり」は江戸時代の中頃から始まったとされている。その後、1953年に結成された八日市市大凧保存会（現東近江市大凧保存会）により、大凧の技術が継承されてきており、長い歴史をもつ。つまり「初めて」リスクは考えられない。

そういった視点から事故当時の新聞記事を見てみれば、明らかに「風」という「変化」リスクへの対応の不備があったことがわかる。

3.2節では、「変化」が監視・測定できるものは、しっかりと監視・測定し、異常と判断する基準を設けることが「変化」リスクへの対応の一つであると述べた。

本件では「風」という「変化」について、風速係が風速計で計測していたにもかかわらず、保存会が会場に立てた旗のはためき具合を目視し、「10メートル以上ない」と判断してしまうという残念なマネジメントが行われたのである。

この事故については、事故調査検討委員会が設置され、その事故報告書が2016年3月30日に東近江市長に報告された。そのときの新聞記事では、「報告書によると、大凧の引き綱の長さは例年150メートルとし、それに応じて観客の立ち入り禁止エリアを設定していたが、今年は約210メートルだったことが判明。「150メートルだったら事故は避けられた可能性が高い」とした」とある。

なんと2015年の大凧まつりでは、綱の長さを150メートルから210メートルに「変更」していたという事実が明らかになったのである。記事にはないが、筆者は、実際にこの大凧まつりに参加した方から、「この変更は、大凧をより高く揚げたいという「改善（顧客満足の向上）」への意欲によるものであった」ことを、直接聞いている。

しかし、この「改善」を目的とした「変更」への対応としては、以下の観点から、多くの「変更」リスクへの対応の弱さがあった可能性が高いと考えられる。

- 「変更」に対する危険予測（アセスメント）
- 「変更」内容の関係者への周知
- 「変更」内容の事前承認

「変化」への対応は簡単ではなく、リスクへの感度が強い人（組織）と弱い人（組織）でその対応は変わる。しかし、「変更」への対応は QMS を運用していれば必須の要件である。**表5.1**に示したように夏祭りにも QMS は適用できるわけで、QMS をもし「東近江大凧まつり」にも適用していたなら、少なくとも「変更」リスクへの対応は行われたはずである。

この事故の結果、2016 年の大凧まつりは中止してしまった。滋賀県民の筆者としては大変残念なことである。しっかりとした MS を構築することを条件に、大凧まつりの早い復活を一県民としても期待している。

5.4 品質リスクに対応する

QMS には EMS の「環境側面」に相当する「品質側面」を特定する要求事項はない。しかし、組織には当然、現状の品質問題という「品質側面」は存在する。これは組織の内部における課題の一つであろう。

このような組織の課題からの慢性的なリスクは、個別製品での「運用の計画及び管理」（箇条 8.1）で対応することは難しい。そのため、2015 年版規格は要求してはいないが、ここでは「品質目標及びそれを達成するための計画策定」（箇条 6.2）の出番となるだろう。

個々の製品及びサービスにおけるリスクに関しては、「運用の計画及び管理」（箇条 8.1）での対応が要求事項である。この運用に難しい解釈は不要である。

図5.1は物流会社B社が行っている「サービス提供のための事前検討会」の議事録である。B社は2008年版のISO 9001を認証しているが、2015年版への移行は未だ行っていない。しかし、この議事録で十分に2015年版規格への対応はできている。

この検討会は、製品での「初めて」と「変更」及び、荷量での「変更」

サービス提供のための事前検討会議事録			作成部門		
			承認	確認	作成
			(営業本部長)	(課長以上)	
開催日		○年○月○日 参加者			
開催目的	製品	□新規顧客　　□既存顧客からの新規性の高い新製品(横持ちを含む) □見積書を再発行する要求事項の変更			
	荷量	■輸送量の大幅な増加　　■保管量・入出庫量の大幅な変更			
	その他				
対象顧客名		P電機			
具体的な内容		消費税アップ前の駆け込み需要により、P電機製品の輸送量、保管量が、ともに○月～○月の間、従来の1.5倍に増えるとの見通しが示達された。			
課題(リスクと機会)	処置(決定事項)	検討事項No.	担当者	期限	確認
輸送車両不足	新規備車先を探す。ただし、P電機は環境への取組みが優先事項であるので、車両の選択基準はP社基準に沿って行う。	③ ⑨			
保管倉庫不足	新たな外部倉庫を探す。加えて派遣要員を○名採用し、新規外部倉庫での入出庫業に配置する。	③			
危険物保管料の増加	品番：○○には第2石油類(石油系シンナー)を含有しているので、少量危険物の上限(200ℓ)を超えないように入庫管理を行うこと。	③			
以下省略(本件では、これ以外に10項目以上の課題が抽出された。)					
検討事項：以下の事項を念頭に置いて課題を抽出すること。					
①遵守義務の見直し、②製品に特有な業務手順の確立、③文書の確立、④資源の必要性、⑤製品検収方法の見直し、⑥監視方法の見直し、⑦検収の合否判定基準の見直し、⑧記録の必要性、⑨環境側面への影響、⑩コストへの影響、⑪労働災害への影響、⑫その他					
※各検討内容がよくわかるように、必要に応じて添付資料を付けること。					

図5.1　物流会社B社における個別サービスのリスクへの対応事例

から生じるリスクへの対応を検討するものである。品質リスクだけではなく、環境や労働災害に関するリスクも検討事項の対象になっており、製品及びサービス提供のプロセスにおける重要な検討事項は、すべてこの場で検討されている。後は、このような「初めて」や「変更」が発生した場合に、この「サービス提供のための事前検討会」を実施するだけである。

5.5 環境リスクに対応する

5.5.1 環境側面の分類

　環境リスクへの対応は、まずは「環境側面」(箇条 6.1.2)の特定とその影響評価である。加えて、「順守義務」(箇条 6.1.3)とその組織への適用を特定することも欠かせない。

　また、環境側面の特定においてはバリューチェーン及びライフサイクルの視点が必要であり、これらの点は**第 4 章**に記述したとおりである。

　特定された「著しい環境側面」が組織の課題の一つであることは、前節で述べた「品質側面」同様である。

　環境側面は一般的に、「通常」「非通常」「緊急事態」に分けて特定するが、特に「通常」の著しい環境側面は、環境に対する慢性的なリスクに相当するので、この対応はやはり「環境目標及びそれを達成するための計画策定」(箇条 6.2)が主体になるものと思われる。

　しかし、この運用も狭義の「環境側面」を捉えるのではなく、バリューチェーンやライフサイクルを考慮に入れた取組みが必要であり、**3.8 節**で述べたように、組織の機能を改善する活動として、「何を環境側面の指標と捉えるか」を十分に検討したうえで、環境影響を低減することが望まれる。

　ここで、「緊急事態」とは、自然災害を含むさまざまな「変化」によって発生することが想定される異常事態から環境汚染を防止するために、

「緊急事態への準備及び対応」(箇条 8.2)を確実に計画・実施することが求められている。

そして、残った「非通常」の運用をどうするかが重要である。

5.5.2 「非通常」の運用

筆者のこれまでの審査経験を踏まえると、この「非通常」を有効に活用している事例は少ない。

「非通常」とは、**5.3 節**に事例を示したように、設備メンテナンスなどの「久し振り」業務が該当する。これ以外にも、新人・異動者の配属、新規製品の立ち上げ、新規設備の稼働などの「初めて」業務も「非通常」の範疇に入る。つまり、「初めて」及び「久し振り」という大変リスクの高い状態といえる。

「非通常」からの環境影響の評価を、「通常」に特定した環境側面、例えば、電気使用量、廃棄物排出量などに適用しても意味はない。

「非通常」における環境影響を含むリスクの特定とその対応は、**5.4 節**で述べた品質リスクと同様に、個々の「非通常」事案に対して「運用の計画及び管理」(箇条 8.1)を実行することがキーとなる。もちろん、「非通常」業務からは、環境、品質、コスト、納期、労働災害など、さまざまなリスクが生じるので、これらをすべて一括して管理することが重要である。つまり、事業プロセスへの統合である。

図 5.1 に示した、物流会社 B 社での「サービス提供のための事前検討会議事録」では、これらのリスクをすべてカバーしている。

5.6 目標管理の成功の秘訣を理解する

ISO 9001 では 2008 年版以前からプロセスアプローチを推奨しており、2015 年版ではこれが規格要求事項になった。

ISO 14001 は 2015 年版でもプロセスアプローチの要求はないが、「環

境マネジメントシステム」(箇条4.4)では、「環境パフォーマンスの向上を含む意図した成果を達成するため、組織は、この規格の要求事項に従って、必要なプロセス及びそれらの相互作用を含む、環境マネジメントシステムを確立し、実施し、維持し、かつ、継続的に改善しなければならない」とあり、プロセスの明確化を求めている。

つまり、「結果を出すためにはプロセスを大事にしなさい」ということである。筆者はこのことを捉えて、「結果重視、プロセス最優先」といっている。野村克也・宮本慎也の近著である『師弟』(講談社)に「プロセスなき成功は、失敗より恐ろしい！」という言葉があったが、名言である。

さて、目標管理におけるプロセスアプローチの重要性を、以下、ダイエットの事例を挙げて説明する。

ここで重要なのは、体重という結果に対する目標だけでなく、それを達成する方策(プロセス)にも目標を設定することである。例えば、**表5.4**のように、である。

この目標で設定した達成期間満了後の結果を想定した場合、「結果」と「方策」の達成状況は**表5.5**の4パターンになる(方策目標の内容別の達成／未達成はここでは今回想定していない)。

表5.5の4つのパターンに対してどのような評価を下したらよいのだろうか。

パターン1(方策○／結果○)が最高の結果であることは明白である。パターン2(方策×／結果×)も理論的には何ら問題はない。ただし、これが組織であれば、当該担当者には少なくともボーナスが出ないことを覚悟しなければならない。

パターン3(方策○／結果×)の評価は分かれる。教育の場であればこれは大いに褒めてほしい。最近の教育の場で、このパターン3を評価しない例が見られることは大変嘆かわしいが、これが営利組織であれば褒められる話ではない。次年度に向けた見直しが必要であり、「設定した

表5.4 ダイエットにおける結果目標と方策目標

(a) 結果目標

指標	現状値	目標値
6カ月後の体重	70 kg	60 kg

(b) 方策目標

方策内容	指標	現状値	目標値
運動をする	歩数／日	4,000 歩	10,000 歩
摂取カロリーを下げる	カロリー／日	3,500 kcal	2,500 kcal
飲酒を控える	休肝日／週	ゼロ	2 日
睡眠をしっかりとる	睡眠時間／日	5 時間	6 時間

表5.5 達成状況の4パターン

パターン	方策目標	結果目標
1	〇（達成）	〇（達成）
2	×（未達成）	×（未達成）
3	〇（達成）	×（未達成）
4	×（未達成）	〇（達成）

結果目標は妥当であったのか」「方策のどこ（方策の内容、方策目標のレベル）が弱かったのか」などを検討して、次の目標達成プログラムにつなげてほしい。

　問題はパターン4（方策×／結果〇）である。筆者はつい、バブル期の日本を思い出してしまう。「結果良ければすべて良し」とする発想につながりかねないパターンだが、これは大きな間違いである。この「ダイエット」の例で見れば、「運動をせず」「摂取カロリーは下げず」「飲酒を控えることなく」「睡眠もとらなかった」のに体重が減ったということで、これは素人目にも病気であることが明らかである。すぐに病院へ行って健康診断を受けるべきである。組織であれば「なぜ、このような状態になっているのか」について、その原因を特定する必要がある。

5.6 目標管理の成功の秘訣を理解する

　ここで、ある架空のプラスチック成形メーカーC社を考えてみよう。検査不良率の低減を結果目標に掲げて、「新規設備の導入」「作業員の再教育」「原料仕入先の変更」「5Sの徹底による異物混入の根絶」という4つの方策を立て、運用を始めていた。しかし、忙しくてなかなか思うように方策の実施ができずにいる。すると、ある時期から急に不良率が低下したのである。このような状態で、もし現場責任者の報告を受けた社長が喜んだとしたら、経営者として失格である。

　この事例の場合、しばらくして今度は顧客からの不良流出クレームが急激に増えてくる。C社の現場責任者が慌てて、原因を調査したところ、検査不良率が低下した時期に検査員が不足したため、臨時の要員を検査応援に充てていたことがわかった。つまり、検査機能が十分に働いていなかったのであり、それこそが、検査不良率低下の原因であった。

　以上は、「何も改善せずに結果が出ているという"病気"の状態を見過ごしたことのつけが、クレームの増加という致命的な症状につながった」という話である。

　「××目標及びそれを達成するための計画策定」(箇条6.2)では、「××目標をどのように達成するか」について計画するとき、箇条6.2.2は「a) 実施事項、b) 必要な資源、c) 責任者、d) 実施事項の完了時期、e) 結果の評価方法」の決定を求めているので、「方策」に対する管理は大変重要になる。

　また、筆者は結果目標のテーマにももっとこだわりをもってほしいと考えている。EMS審査員は、環境目標での「ごみ、紙、エネルギー」の削減を、「判で押したようなテーマ」とよくいうが、QMSでの「クレーム件数、不良率」とて同じレベルである。これらはいずれも"小さくすることを目指す指標"である。

　ある関西ローカル局のニュース番組で、女性キャスターが、メインの男性キャスターが1週間休暇をとったことを受けて、その週の最後の番組終了時に、「放送事故のないことという、最低限の目標を設定して、1

週間番組を提供してまいりました」との発言をしていた。「放送事故がないこと」が最低限の目標であったという認識をもっていること自体は評価したいが、本来の目標は「魅力的な番組提供」であろう。

　組織の機能を改善するという本来の活動から見れば、上記のような"小さくすることを目指す指標"よりもむしろ、受注高、積載率、時間生産性、エネルギー生産性といった、"大きくすることを目指す指標"に目標のテーマが設定されることを強く期待したい。

5.7　マネジメントシステムの理想は電子回路である

　ISO 9001は2015年版から品質マニュアル作成の要求がなくなった。ISO 14001は元々その要求はないが、多くの認証組織では品質マニュアル及び環境マニュアル（以下、マニュアル）を制定している。

　マニュアルとは本来は手順書であるので、使用者（この場合は組織内要員）がこの手順に従ってMSを運用すれば、組織のコンプライアンス（適合性）から逸脱せず、かつパフォーマンスが向上するという機能がなければ意味がない。

　そういう意味でマニュアルを見たときに、1,000人を超す大企業も20人以下の小企業も同じような内容になっていることは大きな疑問である。

　もちろん、マニュアルは、組織から認証機関（審査員）への説明責任を果たすツールとしては、その存在価値があるかもしれない。しかし、もしマニュアルがなかったとしても、審査の場では審査員がさまざまなMS運用の状態から、規格への適合性について確認していくことになる。このとき、審査員がすべての確認を短時間で行うことは困難であることが多いため、組織側からの説明責任を求めるわけであり、マニュアルがその役割を果たしていることは事実である。

　とはいえ、「規格とほぼ同じ内容の文章で構成されたアナログなマニュアル（テキスト中心のマニュアル）が本当に必要なのか？」というこ

とを考えるためには、2015年版規格への改訂は良い機会だと思う。

プロセスの運用において、さまざまな段階で何らかのジャッジ（判断）が必要な場合がある。このような場合に、文章を中心にしたアナログなマニュアルでは誤判定を起こしやすい。

「失敗の原因の多くは設計にある」(**3.6節**)に記述したように、マニュアルは、「わかっている人」がつくって、「わからない人」が使用することが多く、マニュアルの曖昧さがヒューマンエラーの原因の一つである。このことを踏まえたデジタルなマニュアル（図表などを交えたオートマチックな判断ができるマニュアル）になることが望まれる。

筆者が、PRTR法（特定化学物質の環境への排出量の把握等及び管理の改善の促進に関する法律）での届出対象事業者の要件を調べていた際に、せっかちな性分から法令文書を読むのに閉口していたところ、経済産業省のWebページには**図5.2**のような非常にわかりやすいデジタルな情報が開示されていた。「使用者（事業者）のことを大変考えたマニュアルだ」と感じた次第である。

マニュアルを作成するのであれば、認証機関への説明責任ばかり気にするようなことは止め、**図5.2**のようなフロー図を有効に使って、組織内の要員が使いやすい内容を追求してほしい。

また、フロー図も含め、マニュアルなど一切不要なMSの運用も十分に可能である。例えば、それはフロー図の最上流にあるトリガーを起動させれば、その後のプロセスが自動的にオートマチックで連動する仕組みであり、トリガーを特定すればフロー図も不要となる。電子回路での起動スイッチを特定するようなものである。

難しく感じられると思うが、要は帳票類をうまく使うということである。帳票はMSが凝縮したものであるが、多くは1枚の帳票でプロセスが完了することはなく、次の工程への引継ぎが発生する。帳票自体がそのアウトプット先を特定するようにすれば、帳票から帳票への連鎖的な運用がマニュアルやフロー図がなくても十分に可能である。プロセスの

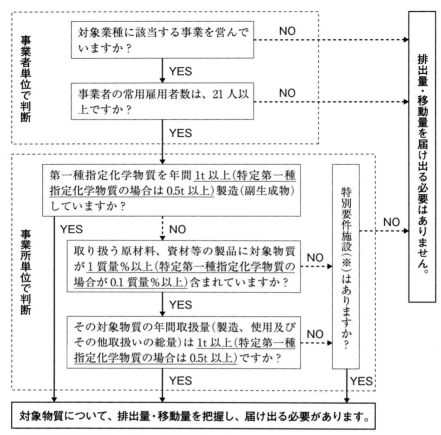

(※)特別要件施設とは、以下の施設となります。
鉱山保安法上の関連施設、下水道終末処理施設、一般廃棄物処理施設、産業廃棄物処理施設、ダイオキシン類対策特別措置法上の特定施設

出典）　経済産業省Webページ：「対象事業者の判定方法」、『PRTR制度対象事業者』
（http：//www.meti.go.jp/policy/chemical_management/law/prtr/3.html）

図5.2　PRTR法の届出対象事業者の要件

最上流でない場合は、インプット元も特定しておけばさらに有効である。
　マニュアルを作成するのであれば、各プロセスのトリガーだけを特定するだけでよい。例えば、顧客クレームが発生したら、「品質異常連絡書」がトリガーとなって、是正処置はもちろん、データ分析やマネジメ

ントレビューにまでつながることが望ましい。つまり電子回路と同じである。

5.8 変化に強い組織を目指そう

　筆者が読者の皆様に期待したいことは、QMS 及び EMS の運用によって、組織のパフォーマンスを向上させ、そのことで顧客満足や社会的貢献を高めるということである。そのためにも 2015 年版規格の要求事項を正確かつ柔軟に解釈し、組織の独自性をもった MS 構築と運用をしてもらいたい。

　事業経営には日々さまざまなリスクと機会が発生している。マネジメント（経営）ではリスクを問題点として顕在化させないように、かつ、機会を見過ごすことのないように対応しなければならない。そのためにも、リスクの特定を事前に十分に行ったうえで果敢に「初めて」にチャレンジし、油断のないしっかりとした「久し振り」への対応を行い、その副作用に十分配慮をしつつ積極的な「変更」による改善に取り組んでほしい。

　そして、最も困難な「変化」については、可能であれば監視・測定し、その結果にもとづいて敏感に対応されたい。

　また、変化の多くは潜在化しており、「いつその変化が顕在化するのか」を予想することが大変難しいものもある。そのためにも、起こり得る変化を想定し、その変化にロバストネス（堅固）な組織になることを期待して、本章を閉めたい。

参 考 文 献

(1) 日本工業標準調査会(審議):『JIS Q 9000:2015(ISO 9000:2015) 品質マネジメントシステム―基本及び用語』、日本規格協会、2015年
(2) 日本工業標準調査会(審議):『JIS Q 9001:2015(ISO 9001:2015) 品質マネジメントシステム―要求事項』、日本規格協会、2015年
(3) 日本工業標準調査会(審議):『JIS Q 9004:2010(ISO 9004:2009) 組織の持続的成功のための運営 有効管理―品質マネジメントアプローチ』、日本規格協会、2010年
(4) 日本工業標準調査会(審議):『JIS Q 14001:2015(ISO 14001:2015) 環境マネジメントシステム―要求事項及び利用の手引』、日本規格協会、2015年
(5) 日本工業標準調査会(審議):『JIS Z 26000:2012(ISO 26000:2010) 社会的責任に関する手引』、日本規格協会、2012年
(6) 日本規格協会:「(対訳)統合版 ISO 補足指針―ISO 専用手順」、『ISO/IEC 専門業務用指針 第1部 附属書 SL 第7版』、2016年
(7) 仲川久史:『経営につなげる ISO 活動の極意』、日科技連出版社、2011年
(8) 村田厚生:『ヒューマンエラーの科学』、日刊工業新聞社、2008年
(9) 小倉仁志:『なぜなぜ分析実践編』、日経 BP 社、2015年
(10) 飯田修平 編著:『FMEA の基礎知識と活用事例』、日本規格協会、2010年
(11) 畑村洋太郎:『失敗学のすすめ』、講談社、2012年
(12) 加藤充可:「「ぽか」と上手につきあう法―なぜ起こる? どう防ぐ?」、『標準化と品質管理』、Vol.59、No.4、p.22、日本規格協会、2006年
(13) 経済産業省:『PRTR 制度対象者事業者』(http://www.meti.go.jp/policy/chemical_management/law/prtr/3.html)

索 引

【英数字】

3H	57, 58, 61, 119
4M	57, 58, 72, 73, 74
FMEA	55, 56, 84
ISO 26000	95, 96
ISO/TC 207	90
PDCA サイクル	17
SWOT 分析	116

【ア 行】

著しい環境側面	99, 100

【カ 行】

改善	58
外注委託	109, 110
外乱	58
乖離	6, 7
活動目的	3, 4
環境経営(マネジメント)	88, 92
環境側面	97, 98, 99, 100, 102, 103, 105, 111, 125
環境方針	93
環境保護	88, 95
環境目標	94, 103, 111
環境リスク	125
基本機能	81
共通構造	16, 17, 18, 41
共通テキスト	16, 17, 18
共通用語及び定義	16, 17, 30
記録	5, 9, 10, 11, 24, 40, 44
緊急事態	103, 110, 111, 125, 126
結果目標	128
購買管理	78

【サ 行】

持続可能な開発	90
順守義務	97, 100, 101, 102, 103, 106, 107, 108, 111
順守評価	107, 108, 110
——者	108
情報源	66
情報伝達	66
設計・開発	74
——の妥当性確認	77, 117
——のレビュー	76, 117
設計計画書	118
説明責任	9, 32, 36, 40
戦略的方向性	2, 3, 4, 9, 31, 35
組織固有の用語	118

【タ 行】

通常	125
適用範囲	7, 8, 35
トップマネジメント	12, 18, 19, 20

【ナ　行】

内部監査	43, 44, 45, 52
内部の知識源	62, 63
内乱	58
認証範囲	8

【ハ　行】

初めて	57, 119, 133
久しぶり	57, 121, 133
非通常	125, 126
人の変化	68
ヒューマンエラー	64
——の分類	64, 66
品質工学	61, 80, 81
品質リスク	123
フールプルーフ	69, 70
附属書SL（Annex SL）	16, 18, 30
不適合	12, 13
——の原因	82, 84
文書	5, 9, 10, 11, 24, 40, 44
変化	58, 59, 61, 119, 121, 133
変更	57, 121, 133
——の管理	71, 72
法規制	5
忘却曲線	70
方策目標	128

【マ　行】

マニュアル	40, 41, 47, 130
マネジメントレビュー	45, 46, 114
未知	67
無知	67
目的（objective）	22
目標管理	127

【ヤ　行】

茹でガエルの法則	59

【ラ　行】

ライフサイクル	88, 93, 99, 104, 109
リーダーシップ	88, 91
利害関係者	31, 33, 34
リスク	30, 31, 37, 38, 61, 68
——対応	71

●著者紹介

仲川　久史（なかがわ　ひさし）（執筆箇所：第1章、第2章）

1957年　神奈川県生まれ
1977年　小田急ホテルチェーン
1983年　平安閣グループ
1992年　㈲ソフトウェーブジャパンを設立。ホテルコンサルタント、ホテル学校講師、コンビニエンスストア経営を手がける
2005年　(一財)日本科学技術連盟ISO審査登録センター　品質審査室　勤務
2007年　同　品質審査室長
2010年　同　品質・環境審査室長
2013年　同　審査室統括次長

　現在、品質管理学会正会員、品質(JRCA)、環境(CEAR)、労働安全衛生(JUSE)、道路交通安全(JUSE)、各主任審査員、運行管理者、審査実績多数。著書に『経営につなげるISO活動の極意』(日科技連出版社、2011年)、『ISO 39001　道路交通安全マネジメントシステムの背景と規格解説』(共著、日科技連出版社、2013年)

越山　卓（こしやま　たかし）（執筆箇所：第3章、第5章）

1954年　三重県生まれ
1974年　鈴鹿工業高等専門学校金属工学科卒業後、日本電気㈱入社
2001年　NECライティング㈱品質保証課長を経て退職

　現在、㈲キューイーエム　代表取締役。品質管理学会正会員、品質工学会正会員、品質工学会評議員、滋賀県品質工学研究会会長、品質(JRCA)、環境(CEAR)、道路交通安全(JUSE)、各主任審査員、運行管理者、審査実績多数

冨岡　正喜（とみおか　まさき）（執筆箇所：第4章）

1953年　静岡県生まれ
1977年　東北大学工学部金属工学科卒業後、日本金属工業㈱(現、日新製鋼㈱)入社
2000年　日本金属工業㈱を退職し、㈱ダイアモンド・オフィス・マネジメント(DOM)に入社
2003年　㈱ダイアモンド・オフィス・マネジメントを退職し、(一財)日本科学技術連盟に勤務
2003年　同　ISO審査登録センター統括課長
2013年　同　特別嘱託

　現在、品質(JRCA)、環境(CEAR)、情報セキュリティ(JRCA)、労働安全衛生(JUSE)、事業継続(JUSE)、各主任審査員

［2015 年版　ISO 9001/ISO 14001 対応］
経営目的を達成するための ISO マネジメントシステム活用法

2016 年 11 月 25 日　第 1 刷発行
2018 年　1 月 17 日　第 3 刷発行

著者　仲川久史　冨岡正喜
　　　越山　卓
発行人　田中　健

発行所　株式会社 日科技連出版社
〒151-0051　東京都渋谷区千駄ヶ谷5-15-5
DS ビル
電話　出版　03-5379-1244
　　　営業　03-5379-1238

検印
省略

印刷・製本　㈱リョーワ印刷

Printed in Japan

© Hisashi Nakagawa et al. 2016
ISBN 978-4-8171-9602-6
URL　http://www.juse-p.co.jp/

本書の全部または一部を無断で複写複製（コピー）することは、著作権法上での例外を除き、禁じられています。